LES

INSECTES UTILES A L'HOMME

PAR

CH. GOUREAU

COLONEL DU GÉNIE EN RETRAITE, OFFICIER DE LA LÉGION D'HONNEUR

Membre de la Société entomologique de France et de la Société des Sciences historiques et naturelles de l'Yonne.

PARIS

VICTOR MASSON ET FILS

PLACE DE L'ÉCOLE DE MÉDECINE.

MDCCCLXXIII.

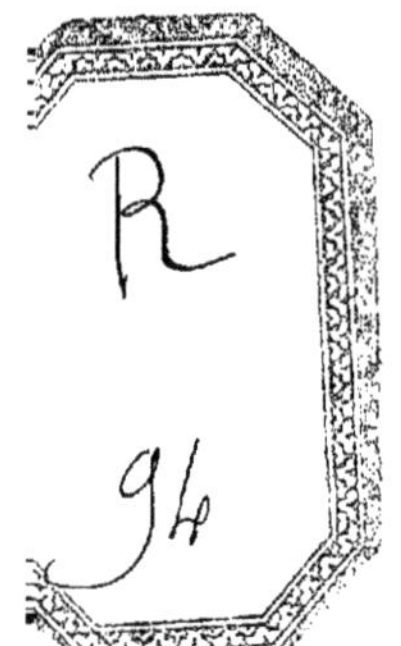

LES

INSECTES UTILES

A L'HOMME

PAR

CH. GOUREAU

Colonel du Génie en retraite, Officier de la Légion d'honneur,
Membre de la Société des Sciences historiques et naturelles de l'Yonne, etc.

PARIS
VICTOR MASSON ET FILS
PLACE DE L'ÉCOLE DE MÉDECINE.

M DCCC LXXII.

BULLETIN

DE LA

SOCIÉTÉ DES SCIENCES

HISTORIQUES ET NATURELLES DE L'YONNE.

Année 1872.

II.

SCIENCES NATURELLES.

INSECTES UTILES A L'HOMME

Par M. le colonel GOUREAU.

PRÉFACE.

Ce petit traité des insectes utiles est le complément des ouvrages publiés successivement sur les *insectes nuisibles aux arbres fruitiers, aux plantes potagères, aux céréales et aux fourrages; à l'homme, aux animaux et à l'économie domestique; aux forêts et aux arbres d'avenue*; *enfin aux arbustes et aux plantes de parterre*. L'ensemble de ces ouvrages forme une entomologie générale appliquée aux cultures et à l'économie domestique.

Les insectes utiles sont ceux dont nous tirons quelqu'avantage dans nos arts et notre industrie ou dans notre état de maladie ou de santé, et ceux qui nous sont indirectement utiles en détruisant les espèces nuisibles. Il y a quelques-uns de ces petits animaux qui nous rendent de très grands services, tels que l'Abeille qui nous fournit, par son travail, le miel et la cire, substances d'un usage universel; la Cochenille et quelques autres espèces du même genre qui produisent la belle couleur rouge appelée écarlate; l'insecte de la Noix-de-galle qui sert à teindre en noir; le Ver-à-soie qui fournit à l'industrie la matière de ces tissus légers, brillants et solides, recherchés par les personnes riches; la Cantharide dont l'emploi est si fréquent en médecine, et dont la propriété vésicante soulage un grand nombre de maux; il y en a d'autres qui servent de nourriture aux habitants de certaines contrées et dont la récolte forme, pour ainsi dire, la moisson.

Le nombre des insectes immédiatement utiles, est très-limité aujourd'hui, malgré les tentatives qu'on fait pour en augmenter le nombre. Autrefois il était un peu plus considérable; car la médecine puisait chez ces petits animaux des remèdes qu'elle regardait comme efficaces dans certaines affections morbides; mais les propriétés curatives qu'elle leur attribuait n'ont pas été confirmées par la médecine moderne, qui les a, pour la plupart, trouvées nulles ou si faibles, qu'elle a abandonné ces anciennes préparations.

Je n'entrerai pas dans l'histoire détaillée de tous les insectes dont elle faisait usage ; je me contenterai d'indiquer les noms des espèces tels qu'ils étaient connus des anciens médecins et les propriétés qu'ils leur attribuaient. J'y joindrai les noms modernes lorsque cela me sera possible. Cette partie formera une première section.

Dans une seconde section, je parlerai des insectes qui rendent indirectement service à l'homme en contribuant au maintien de l'équilibre des êtres organisés et à l'harmonie de l'univers.

Dans une troisième section j'indiquerai les espèces dont l'homme peut faire sa nourriture.

Enfin une quatrième section contiendra l'histoire détaillée des insectes directement utiles à l'homme, sous quelque rapport que ce soit.

A cet égard il convient de faire remarquer qu'une grande partie de ces insectes sont exotiques, qu'ils n'ont pas tous été étudiés par des entomologistes observateurs, et qu'on ne possède sur eux que des notions souvent incomplètes et quelquefois peut être erronées, et que je ne les ai pas étudiés moi-même. C'est sous cette réserve que je rapporterai ce que j'ai trouvé écrit sur eux.

En 1785, Buc'hoz, savant très érudit, écrivain infatigable, qui a été médecin de Stanislas, roi de Pologne, duc de Lorraine, a publié une *Histoire des insectes utiles à l'homme, aux animaux et aux arts*, qui a eu plusieurs éditions et qui est entièrement oubliée aujourd'hui; mais qui alors excitait vivement l'intérêt et la curiosité publique. C'est une compilation de tout ce que l'auteur a trouvé dans les livres anciens et dans les écrits des entomologistes des XVIIe et XVIIIe siècles sur le sujet qu'il a traité, sans y mettre de science et sans y déployer beaucoup d'ordre. J'en ai extrait une partie de ce que je rapporte sur les insectes employés en médecine. Tout ce que Buc'hoz dit à ce sujet se trouve dans la *Théologie des Insectes* de Lesser, d'où il l'a tiré et même y est plus développé.

Le même auteur avait publié antérieurement *une Histoire sur les Insectes nuisibles* qui a joui de l'avantage de plusieurs éditions et qui n'est pas moins oubliée que l'ouvrage précédent. Je ne la connaissais pas lorsque j'ai écrit divers petits traités sur le même sujet. C'est une compilation analogue à la première dont je n'aurais pu tirer aucun parti si je l'avais eue sous les yeux. Je mentionne ces ouvrages, devenus assez rares aujourd'hui, afin que l'on puisse, si on le veut, comparer la manière dont ces sujets étaient traités autrefois et celle qui est employée aujourd'hui.

Le présent ouvrage sur les insectes utiles, montre, par son imperfection, ce qui reste à faire pour le compléter. Il engagera peut-être les voyageurs naturalistes à porter leurs recherches sur les insectes utiles des contrées qu'ils explorent, à nous en donner une histoire détaillée et à combler les lacunes qu'il présente.

GOUREAU.

Santigny, mai 1870.

SECTION I.

INSECTES EMPLOYÉS AUTREFOIS EN MÉDECINE.

L'ancienne médecine prenait la plupart de ses remèdes dans le règne végétal et dans la partie du règne animal, formant la classe des insectes. On ne reconnaissait alors, comme digne du nom de médecin, que celui qui savait la botanique, qui connaissait toutes les vertus des plantes et celles des insectes. La chimie ayant fait des progrès depuis ce temps, elle a découvert des substances qui ont, sur l'économie animale, des propriétés beaucoup plus énergiques que les végétaux. Les médecins s'en sont emparés et ont négligé les plantes, sans toutefois les abandonner entièrement. L'esprit d'observation, propre aux temps modernes, n'a pas tardé à se convaincre que la plupart des remèdes tirés des insectes sont inefficaces, et que quelques-uns peuvent être dangereux; c'est pourquoi on a délaissé les uns et proscrit les autres avec raison.

Je vais rapporter les noms des insectes employés en médecine et indiquer les propriétés qu'on leur attribuait :

Scarabé stercoraire. — L'un de insectes préconisés dans l'ancienne médecine est le Scarabé stercoraire (*Geotrupes stercorarius*, Lat.), appelé vulgairement grand Pilulaire, Bousier et encore d'un nom plus sale, Fouille-merde. On le rencontre fort souvent sur les chemins, dans les pâturages, dans les bouses de vache et dans les autres excréments où il cherche sa nourriture. Il a l'habitude de former des pilules de la grosseur d'une cerise et de les rouler sur le sol jusqu'à ce qu'il les ait cachées dans un trou. Cette pilule sert de nourriture à la larve qui sort de l'œuf qu'il pond dessus.

Pour employer cet insecte en médecine, on le fait sécher et on le réduit en poudre. Cette poudre soulage dans la protubérance ou staphilôme des yeux. On la sème aussi sur le rectum dans la chute du fondement; elle l'empêche de retomber quand il a été remis. Si la chute du rectum a été occasionnée par l'inflammation et le gonflement des hémorrhoïdes, on fait bouillir les Scarabés stercoraires dans de l'huile de mastic pour en faire un liniment sur la partie relâchée.

On prépare avec ces insectes une huile par infusion et même par décoction. La première se fait en les mettant infuser dans de bonne huile au soleil, pendant un mois ou six semaines, dans une bouteille fermée. Pour obtenir la seconde, ont met une livre (500 grammes) de ces insectes vivants dans deux livres (1 kilog.) d'huile de lin dans un vase de terre que l'on couvre et que l'on fait bouillir à petit feu et doucement. On coule l'huile par expression et on la garde dans une bouteille fermée. On s'en sert en liniment, en y trempant du coton pour résoudre les hémorrhoïdes, et pour en apaiser la douleur. Les Scarabés stercoraires sont la base de l'huile de Scarabé de l'ancienne pharmacopée de Paris.

A l'époque où la médecine employait le Scarabé stercoraire comme médicament, les pharmaciens distinguaient-ils les unes des autres les diverses espèces qui vivent dans les bouses et font des pilules de fiente? On peut en douter et penser qu'ils les regardaient comme également bonnes. Ainsi, le Scarabé printannier ou petit Pilulaire (*Geotrupes vernalis*, Lat.,) pouvait au besoin remplacer le grand pilulaire; les *Ateuchus sacer*, Oliv., *A. laticolis,* Fab., *A. semi-punctatus*, Fab., qui vivent dans les bouses et fabriquent des pilules, devaient avoir les mêmes propriétés, ainsi que les *Copris lunaris*, Fab., *C. emarginata*. Fab., qui creusent dans la terre des trous sous les bouses de vache, dans lesquels ils enfouissent de la fiente pour la nourriture des larves qui sortent des œufs qu'ils pondent dans ces trous. Les *Gymnopleurus pilularius* et *Sisyphus schœrfferi*, Fab., pouvaient être aussi employés parce qu'ils vivent dans les bouses et fabriquent des pilules de fiente pour leurs larves.

On peut conjecturer que les mœurs de ces insectes, qui se plaisent dans les excréments des animaux, ont été la cause de leur emploi en médecine pour les maladies de rectum.

—

Le Cerf-Volant (*Lucanus cervus*, Lin.,) se rencontre dans les bois et sa larve vit dans le terreau et le détritus des arbres cariés. L'insecte parfait passait pour diurétique et on l'employait dans l'hydropisie, le rhumatisme, la goutte, la néphrétique. Cependant, il peut causer quelque irritation des voies urinaires, et dans ce cas il faut avoir recours aux émulsions. On l'administre en poudre depuis la dose de 4 grains jusqu'à 8 grains (1) dans 4 onces d'eau de pariétaire ou de saxifrage. Pour préparer la poudre on met ces insectes dans un vase de terre bien bouché qu'on expose au soleil pour les faire sécher ; après quoi on les pulvérise.

On emploie aussi ces insectes à l'extérieur. Ils apaisent la convulsion et la douleur des nerfs, si on les écrase et si on les applique sur la partie ou bien si on les fait cuire dans un onguent approprié. Si on extrait l'huile par infusion et si on en distille dans l'oreille, elle en apaise aussitôt la douleur et ôte même la surdité. L'huile de cerf-volant et celle de scorpion, jointes ensemble, guérissent l'épilepsie des petits enfants et facilitent l'accouchement difficile.

On se servait encore des cerfs-volants en amulette pour se préserver des maladies.

—

Le Meloé Proscarabée (*Meloe proscarabœus*, Oliv.,) jouait un rôle important dans l'ancienne médecine. La liqueur onctueuse et grasse qui suinte en goutte des articulations, des pattes de cet insecte, lorsqu'on le saisit, est propre à guérir les maladies chro-

(1) Pour la conversion des poids anciens en nouveaux, il faut savoir que 1 grain vaut à peu près 5 centigrammes : 1 scrupule vaut 24 grains ; — 36 grains, 1/2 gros ; — 1 gros, 1/8 once ; — 1 once, 1/16 livre ; — 1 livre, 500 grammes.

niques, et bonne aussi pour préserver de la goutte et de la néphrétique ; elle évacue par haut et par bas ; elle est surtout diurétique. On en prend d'abord quelques gouttes à cause de sa causticité. Elle est un bon topique contre les plaies. Elle entre dans les emplâtres contre les bubons et les charbons pestilentiels ; on l'associe dans ce cas à quelque antidote. On prépare avec ces insectes une huile par infusion, qui est très bonne contre la piqûre des scorpions. On les fait mourir à la vapeur du vinaigre ; on les fait sécher et on les pulvérise ensuite. On se sert de cette poudre comme de celles des autres Escarbots (1). Des médecins l'ont recommandée contre la morsure des chiens enragés, de même que dans la goutte vague et irrégulière. Il faut beaucoup de prudence dans l'emploi d'un remède aussi actif qui enflamme les voies urinaires et fait pisser le sang. Frédéric II, roi de Prusse, a acheté très cher un spécifique contre la rage que possédait un paysan de la Silésie, lequel entre ses mains, comme entre celles de ces ancêtres depuis plusieurs générations, guérissait cette horrible maladie. Le roi livra au public ce remède secret dont la base était le Méloé. Ce remède, expérimenté par les facultés de médecine, fut reconnu inefficace et fut abandonné. Tant qu'il est resté secret il a guéri ; dès qu'il a été divulgué, expérimenté et décrié, il a perdu toute sa vertu.

LES HANNETONS (*Melolontha vulgaris*, Fab.) jouissent des mêmes propriétés que les Méloés et peuvent être employés aux mêmes usages. Leur vertu est un peu moins énergique.

LES PERCE-OREILLES (*Forficula auricularia*, Lin.,) fortifient les nerfs et servent contre les convulsions des membres. Il faut les infuser dans de l'huile, et après les y avoir laissés quelque temps,

(1) Je suppose que sous le nom d'Escarbot on entendait alors un coléoptère.

les faire bouillir et en oindre les parties offensées. La poudre de cet insecte mêlée avec de l'urine de lièvre et mise dans les oreilles, est bonne contre la surdité.

—

Les Grillons (*Gryllus domesticus*; — *G. campestris*, Lat.,) fournissaient à l'ancienne médecine un remède propre à fortifier les vues faibles en exprimant dans les yeux la substance liquide qu'ils contiennent et la faisant tomber goutte à goutte. Ils adoucissent les glandes quand on en fait usage pour les frotter. Ils passent pour apéritifs et diurétiques et jouissent un peu de la propriété des Cantharides. Pour les administrer on les fait sécher au feu dans un vase couvert, et on les pulvérise. Leur dose est de 12 grains à un scrupule dans une liqueur appropriée. Le Dr Hengendorn les employait dans les embarras des reins et de la vessie; il prenait deux de ces insectes, leur ôtait la tête, les ailes et les pattes, et les mettait dans un verre d'eau distillée de persil ou de saxifrage, jusqu'à ce que la couleur du liquide devînt laiteuse. Il passait le tout avec expression et en donnait au malade, pendant quelques jours, ce qui lui faisait rendre une prodigieuse quantité d'urine.

Un paysan allemand se servait, contre la fièvre tierce, d'un Grillot (1) qu'il avalait dans un verre de bière.

—

Les Punaises brûlées et prises en poudre chassent l'arrière-faix (2).

—

Les Cochenilles (*Coccus*, Lin.) provoquent l'urine par cette raison qu'elles contiennent beaucoup de sel volatil. La poudre de cet

(1) Grillot, nom vulgaire et patois du Grillon.

(2) Les auteurs ne disent pas quelles sont les punaises qui jouissent de cette propriété. Peut-être la punaise domestique (*Cimex lectuarius*, Lin.) ou les punaises vertes des jardins (*Cimex prasinus*, — *juniperinus*, Lin.)

insecte mêlée avec du sucre est utile contre la colique, la pierre et la rougeole.

—

Les Fourmis (*Formicæ*) ont joui autrefois d'une très grande renommée en médecine, et on en faisait un grand usage. On croit qu'elles échauffent, dèssèchent et excitent à l'amour ; leur odeur acide ranime admirablement bien les esprits vitaux. Les grandes fourmis (*Formica herculeana? — F. ligniperda?*), sont un remède contre la teigne, la gale et la lèpre. Pour s'en servir il faut les dissoudre avec un peu de sel et en oindre les parties malades. On obtient abondamment l'esprit ou l'acide des fourmis par distillation. Cet acide est un excellent remède contre les accidents des oreilles, tels sont la surdité et le tintement. On trempe du coton dans cet esprit et on le met dans les oreilles. L'estomac se trouve aussi bien de ce même esprit. Il fortifie tous les sens et la mémoire, il ranime les forces et donne de la vigueur en amour. Il est préférable à toutes les eaux apoplectiques et fortifiantes, particulièrement pour la guérison des catarrhes suffocatoires. Il est extérieurement d'un grand usage dans les entorses, dans l'apoplexie et dans l'atrophie particulière, qui est causée par une blessure. On se trouve bien des œufs de fourmis (1) quand on a l'ouïe dure. Si on en frotte les joues des enfants ils leur feront tomber le poil follet. C'est une chose remarquable que la quantité des vents qu'ils excitent quand on en prend seulement la dose d'une dragme (un gros ou 1/8 once). Si on fait bouillir une fourmilière dans l'eau et qu'on s'en lave, elle échauffe, dessèche et fortifie les nerfs. Aussi s'en sert-on contre la goutte, la paralysie, les maux de matrices, la cachexie. Lorsqu'on distille des fourmis avec de l'eau on trouve au fond du vase, après le refroidissement de l'appareil, de l'eau, un peu d'acide et d'huile qui surnage. Cette huile s'emploie dans

(1) Les œufs des fourmis sont probablement les larves et les nymphes de ces insectes.

le bourdonnement d'oreilles; on en imbibe du coton qu'on introduit dans l'oreille et qu'on renouvelle soir et matin. On a ordonné les bains de fourmis dans le cas de paralysie. On prépare aussi avec les fourmis et leur produit l'eau et l'esprit de *magnanimité* et d'autres compositions pharmaceutiques.

—

La poudre des abeilles désséchées (*Apis mellifica*, Lat.,) sert à faire croître les cheveux, si on en frotte souvent l'endroit d'où ils sont tombés.

—

Les Guêpes (*Vespa vulgaris; — V. germanica*, Lat.,) provoquent l'urine et charrient la gravelle. Si en guise de tabac on fume un nid de guêpes on apaise la douleur des dents (1).

—

Bédégar. — Les excroissances spongieuses, que l'on voit sur les rosiers sauvages, que l'on désigne sous le nom de *Bédégar*, sont bonnes contre la gravelle et elles ne jouissent de cette propriété que parce qu'elles sont le nid d'une espèce de petit hyménoptère du genre Cynips, appelé *Cynips rosœ*, Lin., et qu'elles contiennent les larves de cet insecte.

—

Les Chenilles brûlées et réduites en poudre prise en guise de tabac, étanchent les hémorrhagies du nez.

Le ver-à-soie, qui est la chenille du *Bombyx Mori*, Lin., jouit en particulier de la propriété de garantir des vertiges et des convulsions. On réduit ces chenilles en poudre et on en met sur le sommet de la tête. Leur tissu ou la soie produit le même effet; car si on réduit du velours en poudre et qu'on en donne à ceux qui

(1) Ces nids sont probablement ceux de la *Vespa rufa* et de la *Polistes gallica*, Lat., que l'on trouve attachés aux branches des arbres et des buissons.

sont sujets au mal-caduc, ils en seront soulagés. La fumée d'un étoffe de soie qu'on brûle soulage les femmes sujettes aux maux de matrice.

—

CEPHALÉMYIE. — Les larves des diptères de la tribu des Œstrides et du genre *Cephalemyia*, qui vivent dans les sinus frontaux des moutons, étaient regardées comme un remède souverain contre l'épilepsie, indiqué par Apollon lui même.

—

LES MOUCHES COMMUNES (***Musca domestica***, Lin.,) sont émollientes, astringentes, et font croître les cheveux, lorsqu'après les avoir écrasées, on les applique sur la partie chauve. L'eau qu'on en distille est bonne contre les maux d'yeux. Pour s'en servir il faut la mêler avec un jaune d'œuf et en faire une emplâtre. Gallien approuve ce remède. Elle fait aussi croître les cheveux, fait passer toutes sortes de taches et rend l'ouïe.

—

LES POUX (***Pediculus capitis***, Lin.,) sont réputés apéritifs et fébrifuges et très bons pour guérir les pâles couleurs, la jaunisse et l'ictère. On en fait avaler cinq ou six, selon leur grosseur, à l'entrée de la fièvre. Pour la jaunisse on en donnait le même nombre dans un œuf mollet et on répétait ce remède jusqu'à trois fois en mettant quelques jours d'intervalle entre chaque prise. On s'en servait encore dans la suppression de l'urine chez les enfants nouveaux-nés en en introduisant un vivant dans l'urètre. Les chatouillements qu'il y produisait amenant l'écoulement du fluide urinaire.

—

LA TIQUE OU POU-DE-BOIS (*Ixodes*, Lat.,) réduite en cendres par le feu et répandue sur la tête, fait tomber les cheveux. Elle guérit aussi l'érysypèle et la galle.

—

Les Scorpions (*Scorpio europœus*, Lin.,) réduits en cendres par le feu et pris en poudre, chassent l'urine retenue par la gravelle ou par la pierre. Ils fournissent aussi un remède contre leur propre piqûre. On n'a pour cela qu'à les écraser sur la blessure, ou bien oindre la plaie avec de l'huile d'amandes dans laquelle on aura fait infuser de ces animaux.

—

Araignées. — On se sert de l'araignée contre les fièvres intermittentes, principalement contre la fièvre quarte. On prend une des plus grosses (*Aranea diadema?* Lin.,) on l'écrase et on l'applique sur le poignet. Ou bien on l'enferme vivante dans une coquille de noix que l'on attache au cou au moment de l'accès. On emploie encore la toile d'araignée au même usage. On en prend la grosseur d'un œuf de poule (1); on la mêle à une partie égale de suie de cheminée; on y ajoute un peu de sel commun et ce qu'il faut de vinaigre pour faire un cataplasme qu'on applique sur les deux poignets. On répète ce remède deux ou trois fois. On en en fait même avaler de la grosseur d'un pois dans un verre de vin blanc au commencement du frisson; ce remède guérissait quelquefois en faisant suer abondamment.

J'ai rapporté toutes les indications consignées, par Lesser, dans sa *Théologie des insectes* sur l'emploi que la médecine faisait de ces petits animaux pour la guérison des maladies humaines. Cet auteur indique soignéusement les sources où il a puisé ses renseignements. J'ai voulu les consigner ici comme des objets de curiosité. On peut aujourd'hui se railler des gens d'autrefois qui croyaient qu'en portant une araignée renfermée dans une coquille de noix pendue à leur cou, ils se guérissaient de la fièvre quarte; qu'en mêlant de la poudre de Perce- oreille avec de l'urine de liè-

(1) Je suppose qu'on prenait cette toile dans les étables où elle est tendue et tissée par l'*Aranea domestica*, Lin. dans le but d'arrêter les mouche dont elle se nourrit.

vre ils pouvaient se guérir de la surdité, et qu'en portant sur eux, en guise d'amulette, un Cerf-volant, ils étaient préservés des maladies. Mais si de telles prescriptions nous font sourire aujourd'hui de pitié sur l'ignorance et l'aveuglement de nos ancêtres, ils pouvaient, eux, en être soulagés et même guéris. De tels remèdes, ainsi que d'autres tirés des insectes, font partie de la médecine *magique*, que l'on peut appeler médecine *morale* ou mieux, médecine de la *foi*. C'est celle des peuples barbares, ignorants et crédules, qui sont au début de la civilisation et qui suffit à la guérison de la plupart de leurs maladies. Ce n'est pas le remède qui guérit, c'est la foi du malade dans l'efficacité de ce remède qui produit la guérison. Cette assertion peut sembler très douteuse à nous autres, gens civilisés; elle n'en est pas moins vraie, et l'on pourrait, en traitant de la médecine morale, prouver, par de nombreux exemples, que des substances qui ne jouissent d'aucune propriété médicinale, ont guéri de graves maladies lorsqu'elles étaient prises par des personnes ayant une foi profonde, cette foi qui transporte les montagnes. Dans les campagnes et dans le peuple des villes il se trouve encore des personnes qui recourent aux charlatans, aux rebouteurs, aux remèdes secrets conservés dans certaines familles, à des paroles magiques dont on ignore le sens et l'origine, ou a des paroles religieuses accompagnées de signes de croix, aux somnambules, dans l'espérance d'être guéries de leur maux et qui en sont délivrées lorsque leur foi est profonde. Nos tribunaux condamnent, pour délit d'exercice illégal de la médecine, ces artistes qui peuvent exercer loyalement la médecine morale. Ils les discréditent et empêchent par là que de pauvres malheureux soient guéris de leurs maux; car le jugement enlève au médecin son prestige et au remède son efficacité.

SECTION II.

INSECTES QUI SONT INDIRECTEMENT UTILES A L'HOMME.

Il existe un nombre très considérable d'insectes, qui rendent indirectement des services à l'homme par les fonctions qu'ils remplissent dans la police et l'ordre général de ce monde, fonctions qui semblent leur être spécialement dévolues. Je ne puis les énumérer tous, parce que beaucoup me sont inconnus et qu'il serait trop long de donner une histoire détaillée de ceux que je pourrais citer. Je me contenterai de nommer quelques-uns des plus importants en désignant les espèces ou bien les familles et les genres qui les renferment lorsque ces familles et ces genres ne contiennent que des espèces ayant la même manière de vie et exerçant la même influence dans ce monde.

On peut d'abord signaler les parasites qui font la guerre aux autres insectes lorsque ces derniers sont à l'état de larves. Parmi ces insectes il se trouve des espèces nuisibles dont les parasites nous délivrent. Un assez grand nombre de ces bienfaisants parasites sont décrits dans les petits traités que j'ai publiés sur les insectes nuisibles, savoir : *Insectes nuisibles aux arbres fruitiers, aux plantes potagères, aux céréales et aux plantes fourragères; Insectes nuisibles aux forêts et aux arbres d'avenue ; Insectes nuisibles aux arbustes et plantes de parterre; Insectes nuisibles à l'homme, aux animaux et à l'économie domestique.*

On peut y voir leur manière de vivre et apprécier les services qu'ils nous rendent, en détruisant les espèces qui nous portent souvent de très grands préjudices. Ces parasites forment trois grandes divisions dans la série entomologique ; les Ichneumoniens et les Chalcidites qui font partie de l'ordre des Hyménoptères, et les Tachinaires ou Entomobies, qui appartiennent à celui des Diptères. Ils sont excessivement nombreux en espèces et surtout en individus et jouent un rôle trés considérable dans ce monde, en y maintenant l'équilibre dans la classe des insectes et en empêchant qu'une espèce ne devienne prépondérante et ne finisse par détruire les autres. Ils contribuent aussi à maintenir l'équilibre parmi les végétaux en empêchant certaines plantes de périr sous la dent de certains insectes multipliés à l'excès. Une nombreuse famille d'insectes qui nous rendent indirectement service est celle des Carnassiers renfermant les tribus des *Cicindelètes*, celle des *Carabiques* et des *Hydrocanthares*, qui font la chasse aux petits animaux pour s'en nourrir, tels que les vers, les mollusques, les chenilles, les larves et les insectes parfaits. Ils en détruisent un grand nombre, et dans ce nombre il y en a qui nous portent préjudice. Les deux premières tribus comprennent des animaux carnassiers qui chassent sur terre et saisissent leur proie à la course. La troisième est formée d'animaux qui vivent dans les eaux douces et chassent leur proie à la nage. Les larves de ces insectes sont carnassières comme eux-mêmes et nous rendent les mêmes services. On rencontre partout des insectes carnassiers, dans les bois, les champs, les prairies, les jardins, au bord des mares, des étangs, des ruisseaux, et dans toutes les eaux douces dont le courant n'est pas trop rapide.

La famille des Brachélytres ou des Staphyliniens nous rend les mêmes services que celle des Carabiques et nous devons la respecter et la protéger.

D'autres insectes Coléoptères semblent avoir pour mission spéciale de faire disparaître de dessus le sol les déjections et les fientes des grands animaux. Ils se nourrissent de ces matières; ils creusent des trous dans la terre qu'ils en remplissent pour la nourriture des larves provenant des œufs qu'ils pondent sur ces approvisionnements. Ils en composent des boulettes ou pilules qu'ils cachent dans des trous éloignés du lieu où ils les fabriquent, et où ils ont l'adresse de les rouler. Ces boulettes servent à nourrir leurs larves sorties des œufs qu'ils leur confient. Ces insectes font partie de la famille des Lamellicornes et composent des genres nombreux comprenant chacun un assez grand nombre d'espèces : Ce sont les *Ateuchus*, dont deux espèces étaient sacrées chez les anciens Egyptiens; les *Ateuthus sacer.* Fab., et *Ægyptiorum.* Lat., que l'on voit sculptés sur leurs monuments et que l'on trouve en imitation dans leur tombeaux. Le Midi de la France possède les *A. sacer*, Fab., *A. laticollis.* Fab., et *A. semi-punctatus.* Fab. Ce sont ensuite, les *Gymnopleurus pilularius*, Fab. et *G. flagellatus.* Fab., Le *Sysiphus Schaefferi,* Lat., les *Copris hispana.* Fab., *C. lunaris*, Fab., *C. emarginata*, Fab., les *Ontophagus taurus*, *O. capra*, *O. hybneri*, *O. vacca*, *O. cœnobita, O. nuchicornis, O. schrœberi*, Fab., les *Onites Olivieri.* Ill. et *O. bison*, Fab., l'*Oniticellus flavipes*, Fab., les *Aphodius fossor*, *A. fimetarius*, *A. rufescens*, *A. sordidus*, Fab., les *Geotrupes typhœus*, *G. stercorarius*, *G. vernalis.* Fab. Ces insectes travaillent avec activité à faire disparaître de dessus le sol les bouses et autres excréments. Ils sont aidés dans cet ouvrage par quelques Escarbots, tels que les *Hister maculatus*, *H. sinuatus*, *H. cruciatus.* Fab., *H. stercorarius*, Pay., et quelques Shpéridies : *Sphœridium scarabœoides*, *S. bipunctulatum, S. marginatum*, Fab.

Lorsque l'on fouille une bouse de vache dont la surface est désséchée par le soleil et l'intérieur encore mou, on y trouve ordinairement une partie des espèces dont on vient de parler en plus ou moins grand nombre, et avec elles une multitude de larves blanchâtres que l'on reconnaît à leur forme pour appartenir à des Diptères, entr'autres celles des *Sargus*, des *Mesembrina*, des *Pollenia*, des *Musca*, des *Curtonevra*, etc. Tous ces petits animaux travaillent, comme à l'envi les uns des autres, à faire disparaître cette bouse, ce qui est bientôt exécuté.

D'autres insectes semblent destinés par la nature à purger la terre du corps des animaux morts, dont la putréfaction infecterait l'air s'ils restaient longtemps sur le sol. On y voit d'abord le Dermeste pelletier (*Attagenus pellio*, Fab.,) qui coupe le poil. Puis viennent les Dermestes de toutes les espèces qui rongent la peau et les parties tendineuses de ces animaux et qui y pondent leurs œufs. Les larves se joignent bientôt à leurs parents pour accélerer la destruction. Dès que la décomposition des chairs commence, les Boucliers (*Silpha*) accourent pour prendre part à la curée et pour y déposer leurs œufs, ainsi que les *Necrodes*. Puis arrivent une multitude de mouches des genres *Sarcophaga*, *Lucilia*, *Calliphora* attirées par l'odeur, qui pondent leurs œufs sur les chairs corrompues, et au bout de deux ou trois jours il s'y développe une telle quantité de larves que le cadavre qui les nourrit semble remuer et être soulevé. Le travail de ces insectes en fait un squelette d'une propreté et d'une blancheur parfaites.

Si l'animal mort est petit comme une taupe, un mulot, un crapaud ou une autre espèce de même taille, il attire les Necrophores (*Necrophorus humator; N. Vespillio; N. mortuorum*, Fab., qui creusent la terre sous lui, excavent une fosse dans laquelle ils) l'enterrent, puis ils pondent leurs œufs sur son corps qui sert de nourriture aux larves qui en sortent bientôt. On voit par ce qui précède que la terre est en peu de temps débarrassée des cadavres qui pourraient empester l'air et causer la mort des hommes et des animaux vivants.

Ce que la nature a fait pour les déjections des animaux et pour leurs cadavres, elle l'a fait aussi pour les cadavres des végétaux. Elle a créé des agents de destruction qui facilitent et accélèrent leur décomposition et leur conversion en terreau, qui doit rendre la fertilité à une terre épuisée par suite d'une longue végétation. Lorsqu'un arbre est vieux et languissant ou lorsqu'encore jeune il est malade, un chêne par exemple, le *Scolytus intricatus*, Ratz., (*S. pygmaeus*, Gyll.,) se jette sur ses branches ou son tronc en nombre incroyable. Il perce l'écorce, creuse une galerie entr'elle et le bois dans laquelle il pond ses œufs, desquels sortent de petites larves qui cheminent dans l'écorce, y pratiquent des galeries, absorbant la sève et les parcelles rongées; puis lorsqu'elles ont pris leur croissance elles se changent en chrysalides et ensuite en insectes parfaits qui percent l'écorce chacun d'un petit trou pour sa sortie et sa mise en liberté. L'écorce paraît alors trouée comme un écumoire et l'arbre meurt.

Dès qu'il est mort arrivent les Coléoptères longicornes du genre *Callidium*, qui pondent leurs œufs dans les gerçures de l'écorce ou dans des trous Les larves qu'ils produisent cheminent entre l'écorce et le bois, se nourrissant de fibres sèches, qu'elles détachent avec leurs dents. Parvenues à leur juste grandeur elles se creusent une loge dans l'aubier où elles se changent en chrysalides, puis ensuite en insectes parfaits qui percent chacun un trou elliptique dans l'écorce pour se mettre en liberté. L'action de ces larves est de détacher l'écorce du bois, de la faire tomber pour livrer celui-ci à de nouveaux agents destructeurs. Ce sont les Vrillettes (*Anobium*), qui percent l'aubier pour s'y cacher, y vivre et y pondre leurs œufs; les *Colydium* et le *Platypus cylindrus*, Herb., qui agissent de même, ainsi que d'autres Coléoptères Xylophages. L'arbre criblé de trous, rongé en tous sens, reçoit la pluie qui pénètre dans son intérieur et accélère la décomposition, et lorsque le bois est amolli, la *Formica ligniperda* vient y établir son domicile, ce qui achève de le pulvériser.

Les arbres d'une autre espèce ont des ennemis analogues qui travaillent à la destruction des vieilles souches et des sujets morts couchés sur le sol. Les insectes jouent un rôle immense dans la nature pour la décomposition et la transformation de la matière animale et végétale, et dans leur travail incessant ils nous rendent quelquefois service comme on a pu le voir dans tout ce qui précède.

Il nous sont encore indirectement utiles en servant eux-mêmes de nourriture à des animaux que nous élevons ou que nous recherchons. Les oiseaux de basse-cour, tels que les poules, les canards, les dindons mangent avidement les larves et les insectes qu'ils peuvent attrapper. Les perdrix et les cailles, si estimées sur nos tables, nourrissent leurs petits de larves et de nymphes de fourmis et établissent leurs nids dans le voisinage des fourmillières. Les hirondelles, les fauvettes et tous les oiseaux à bec fin, font leur nourriture exclusive d'insectes, de larves et de chenilles, et tous sont d'un goût délicat. Les cochons sont avides de larves d'insectes et débarrassent promptement un terrain envahi par les larves de diverses espèces de hannetons très nuisibles aux cultures et des chenilles qui se sont enterrées aux pieds des arbres dont elles ont dévoré les feuilles. Plusieurs poissons de nos rivières et de nos étangs se nourrissent en grande partie de larves et d'insectes aquatiques; les truites surtout font une immense consommation d'Ephémères et de Phryganes, lorsque ces Névroptères voltigent à la surface des eaux limpides des ruisseaux pour y pondre leurs œufs ou pour les déposer sur les plantes aquatiques. On voit par tout ce qui précède que si la classe des insectes venait à disparaître il y aurait une grande perturbation dans l'ordre des animaux qui peuplent la terre, et que l'homme en éprouverait un grand dommage.

SECTION III.

INSECTES DONT L'HOMME PEUT SE NOURRIR.

L'homme est à la fois frugivore et carnivore et tire ses aliments du règne végétal et du règne animal. Lorsqu'il les prend chez les animaux il choisit ceux qui vivent de végétaux, comme herbes, graines ou semences, fruits, et rejète les espèces carnassières, c'est-à-dire celles qui se nourrissent de chair vivante ou morte. D'après ce principe général l'homme pourrait manger sans inconvénient une multitude de chenilles et de larves qui vivent sur les plantes, sur les arbres, sous les écorces, dans l'intérieur des tiges ou des racines. En choisissant celles qui ont le corps glabre, ou dépourvu de poils, qui ont la peau molle et douce, en les prenant peu de temps avant leur métamorphose en chrysalide et les laissant jeûner un jour afin qu'elles aient le temps de se vider, il en pourrait composer un mets nutritif. Les Chinois mangent les chrysalides des vers-à-soie roulées dans le sucre et en font un régal. Les habitants de Madagascar récoltent un assez grand nombre de chenilles d'espèces différentes et de larves dont ils se nourissent. Il en est de même dans d'autres contrées de l'Afrique et des iles de l'Archipel Indien. On a essayé en France de manger les larves des hannetons cuites dans le beurre et on ne s'en est pas mal trouvé.

Au Brésil et à Cayenne les habitants du pays recherchent la larve du Charençon palmiste (*Calandra palmarum*, Fab.,) qui vit dans le bois et le chou du palmier. Cette larve à 65 millimètres de long sur 25 millimètres de diamètre au milieu du corps lorsqu'elle est parvenue à toute sa croissance. Elle est ovale, molle, apode, d'un blanc sale, formée de douze segments, sans la tête qui est ronde et armée de deux fortes mandibules. Elle ressemble très en grand à celle du Charançon du blé (*Calandra granaria*, Fab.,) Elle se tient dans le tronc des palmiers qu'elle détériore en y creusant des galeries. Lorsqu'elle veut se tranformer elle se fait une coque avec des fibres qu'elle enlace et presse. L'insecte parfait, a 45 à 50 millimètres de long, rostre compris ; il est noir et ressemble pour la forme à notre Charançon du blé.

Au Mexique on recueille aux bords des grands lacs du pays les œufs de deux Hémiptères aquatiques, des genres *Coryxa* et *Notonecta* qui y sont excessivement communs. Pour les obtenir plus facilement et en grande quantité, les Indiens placent dans l'eau des brins de jonc ou de roseau, sur lesquels les femelles de ces insectes viennent déposer leurs œufs; au bout de quelques jours ils en sont entièrement couverts. Alors on les retire de l'eau et on détache les œufs avec une brosse pour les faire sécher et les conserver. Ils sont petits, ronds, blanchâtres et ressemblent assez à des grains de Semoule.

Les Fourmis servent quelquefois d'aliments aux hommes, ainsi que le mentionne M. Westwood (Introduction à la *Nouvelle classification des Insectes*, t. II, p. 231). Les Portugais ont un vieux dicton : *Les Fourmis sont les reines du Brésil*, voulant indiquer par là leur pouvoir de destruction. Pohl et Kollar font mention de diverses espèces de fourmis nuisibles du Brésil, spécialement l'*Atta Cephalotes*, dont les indigènes mangent cependant les femelles. Dobrizoffer, rapporte le même fait ainsi que Azara et Barrière. Lander nous informe que les fourmis cuites dans le beurre sont mangées par les habitants de Yariba en Afrique. Drury mentionne aussi le même fait.

On rapporte que les anciens Grecs mangeaient les Cigales, probablement les *Cicada plebeia*, Oliv. et *C. Orni*, Lin., et peut-être d'autres espèces communes dans leur pays. Aristote dit qu'on recherchait surtout l'insecte à l'état de nymphe, appelé alors *Tettigomettra*, et il ajoute qu'à l'état parfait on préférait le mâle avant l'accouplement et la femelle après, à cause des œufs blancs que l'on trouve dans son corps. L'insecte parfait se tient constamment sur les arbres et les buissons, où il ne cesse de chanter tout le jour, étourdissant de son cri aigu ceux qui sont obligés de l'entendre. C'était là que les Grecs devaient le prendre. Quant aux nymphes on les trouve dans la terre à la racine des arbres dont elles sucent la sève.

Parmi les insectes dont les hommes ont fait leur nourriture les Sauterelles occupent incontestablement le premier rang. Dès les temps les plus anciens ils en ont fait usage. Moïse, par ses lois, permet aux Israëlites de manger quatre espèces de sauterelles, dont les noms latins, selon la Bible, sont : ***Bruchus***, ***Attacus***, ***Ophiomacus*** et ***Locusta***. On ne peut douter que ces animaux soient des sauterelles parce qu'il a soin de les définir comme des animaux volant, marchant sur quatre pattes et ayant les cuisses de derrière très grandes, servant à sauter sur la terre. Les historiens anciens nous apprennent que les peuples de l'Ethiopie se nourissaient de sauterelles et que c'est de là qu'ils étaient appelés Acrydophages (mangeurs d'Achrydiens, c'est-à-dire de sauterelles). Aujourd'hui les Arabes du désert et ceux de la Palestine, comme ceux de l'Algérie, et les Kabyles récoltent les sauterelles pour les manger. On vend des sauterelles frites dans les marchés des villes de la Perse, comme chez nous on vend des pommes de terre frites dans les rues. Les Hottentots mangent des sauterelles ainsi que les Anamites, et probablement beaucoup d'autres peuplades font usage de cet aliment. L'espèce la plus généralement consommée dans les pays orientaux et dans l'Algérie est le Criquet nomade (*Achrydium peregrinum*, Oliv.), qui se réunit parfois en troupes innombrables, et dévore toute la végétation des pays qu'il parcourt laissant la famine après lui Il est vraisemblable que tous les Achrydiens de grande taille sont chassés et ramassés dans les contrées où on a l'habitude de les manger. On les consomme frais en les faisant frire dans la graisse, après leur avoir arraché la tête et les pattes, ou en les laissant quelque temps dans le sel. On les conserve dans la saumure, ou bien on les fait sécher et on les réduit en poudre pour s'en servir au besoin. Les Arabes du désert, la plupart de ceux des campagnes de la Palestine font la chasse aux sauterelles; ils les font sécher au soleil et après leur avoir enlevé la tête et les pattes ils les réduisent en poudre, soit avec un moulin à bras, soit avec un pilon. Ils mêlent cette poudre avec de la farine de grains et en font un pain un peu amer dont on corrige l'âpreté avec du lait de chamelle ou du miel. Cette nourriture est peu recherchée; c'est celle des pauvres et du peuple en général dans le temps de disette. Dans les pays musulmans la chasse aux sauterelles se fait avec une cérémonie religieuse, en vertu du précepte du Coran qui ordonne de prononcer le nom de Dieu sur tout animal que l'on tue pour s'en nourrir. Les Bedouins de l'Algérie et les Kabyles, en prenant le Criquet nomade, lui arrachent la tête en disant, *Bism Allah* (au nom de Dieu) ou *Allah Akbar* (Dieu le plus grand). Ils enlèvent les ailes et les pattes et salent le corps qu'ils mangent quand il a séjourné dans le sel pendant quelque temps.

Ce ne sont pas seulement les peuples pauvres et à demi sauvages qui se nourissent d'insectes. Les Romains, au faîte de la puissance, de la civilisation et du luxe, recherchaient, comme un mets très délicat, les grands vers que nourrit le chêne dans son bois; ils les conservaient et les engraissaient dans la farine pour s'en régaler. Ils leurs donnaient le nom de Cossus.

Les entomologistes ne sont pas d'accord sur l'insecte appelé Cossus par les Romains. Linné le rapporte à la chenille d'un gros papillon nocturne, lequel est désigné aujourd'hui par le nom de *Cossus ligniperda*. Cette chenille, de la plus grande taille, a la tête noire, le corps rougeâtre, avec le dos rouge sanguin et seize pattes. Son corps est couvert de quelques poils isolés. Elle vit sous les écorces et dans le bois des chênes, des ormes, des saules, etc., qu'elle attaque vers le pied et auxquels elle fait beaucoup de tort.

D'autres entomologistes pensent que le Cossus est la larve de notre grand capricorne (*Cerambyx heros*, Lin.,) qui se tient exclusivement dans les chênes vivants, dans le bois desquels elle creuse des sillons et des galeries profondes, nuisibles à la solidité des charpentes. Cette larve est d'une grande taille, blanche, glabre, apode ou plutôt pourvue de six pattes rudimentaires impropres à la marche. Le bord antérieur de la tête et les mandibules sont écailleux, d'un brun noirâtre. Si, comme il me paraît probable, d'après le texte des auteurs anciens (1), cette opinion est bien fondée, les Romains devaient manger les autres larves des Longicornes qui vivent sous les écorces des chênes des forêts, bien qu'elles fussent d'une moindre taille que celle du *Cerambyx heros*.

On voit par le petit nombre d'exemples qu'on vient de rapporter que les insectes à l'état de larves pourraient fournir, au besoin, une nourriture saine qui ne serait pas à dédaigner, en temps de disette ou de famine. Mais dans la série des insectes on ne devrait manger que les larves molles, glabres, succulentes, qui vivent exclusivement d'herbes, de feuilles et de matières ligneuses. Quant aux sauterelles on pourrait faire usage du Criquet émigrant (*Achrydium migratorium* Lin.), qui habite le midi de la France, dont la taille approche de celle de l'*Achrydium peregrinum*, et qui se multiplie quelquefois en si grand nombre, qu'il devient un fléau pour la contrée qu'il occupe. On pourrait encore s'emparer des *Achrydium italianum*, *A. germanicum*, *A. cerulescens*, etc., d'une taille moindre, leur enlever la tête, les ailes et les pattes et manger le corps. Les véritables sauterelles : *Locusta viridissima; Decticus verrucivorus*, *D. griseus*; *Ephippiger vitium*, etc., traitées de la même manière, procureraient encore des aliments en cas de besoin urgent.

(1) Voir la note sur le Cossus.

NOTE SUR LE *COSSUS*.

M. Mulsant, célèbre entomologiste de Lyon, a publié une dissertation sur le Cossus des Romains, dans laquelle il rapporte tous les textes des auteurs anciens qui en ont parlé et qui permettent de déterminer quel était cet animal. Ces textes sont les suivants :

« Arbores vermiculantur magis minusve quaedam, omnes tamen » ferè : idque aves cavi corticis sono experiuntur. Jamquidem et » hoc in luxurià esse cœpit pergrandes roborum delicatiore sunt » in cibo : cossos vocant atque etiam farinâ saginati, hi quoque » altiles fiunt (Plin., liv. XVII —, 37) (1) ».

« Cossos in ligno nascuntur sanant ulcera omnia, (Plin, liv. » xxx,— 39.) » (2).

« Non enim Cossi tantum in eo (ligno), sed etiam tabani ex eo » nascuntur (Plin., liv. XI, — 38,) (3). »

Saint Jérome, dans son traité contre Jovinien, s'exprime ainsi :

« In Ponte, in Phrygiâ vermes albos et obesos, qui nigello capite » sunt et nascuntur in lignorum carie, pro magnis reditibus pater » familias exigit : et quanta apud nos attagen et fidecula, mullus » et scarus in deliciis computantur, ita apud illos xolaphagon » commedisse luxuria est..... cogé Syrum, Afrum et Arabum » ut vermes ponticos glutiat, ita eos despicit ut muscas, mille » pedios et lacertos (4). »

(1) Les vers ne s'attachent pas également à tous les arbres, mais presque tous y sont sujets. Les oiseaux y reconnaissent leur présence au son creux que rend l'écorce béquetée et voici que les gros vers du chêne figurent sous le nom de Cossus parmi les mets les plus délicats ; on les engraisse en les nourissant de farine.

(2) Les cossus qui s'engendrent dans le bois guérissent tous les ulcères.

(3) Les Cossus ne vivent pas seuls dans les bois, les Taons y vivent aussi.

(4) Dans le Pont, dans la Phrygie les pères de famille regardent comme

Il me paraît résulter de ces textes des auteurs anciens que le Cossus était la larve du *Cerambyx heros*, qui vit exclusivement dans le bois de chêne où elle creuse des galeries remplies de vermoulure. Il semble probable que les larves des autres Longicornes, qui se tiennent également dans le bois de chêne, devaient être des Cossus pour les Romains, parce qu'elles ressemblent entièrement à la première et vivent de la même manière; elles étaient des petits Cossus.

un de leurs grands revenus certains vers à tête noirâtre, au corps replet, prenant naissance dans le bois carié. Manger ces Xylophages est chez ces peuples une aussi grande preuve de luxe, que chez nous servir le Ganga, le Bec-Figue, le Rouget et le Scare dont nous faisons nos délices.... Mais engagez un Syrien, un Africain, un Arabe à se régaler de ces sortes de vers, il les dédaignera, comme si on lui présentait des mouches, des mille-pieds et des lézards.

SECTION IV.

INSECTES QUI SONT DIRECTEMENT UTILES A L'HOMME.

Nous allons passer maintenant aux insectes qui sont directement utiles à l'homme et en donner une histoire aussi complète qu'il nous a été possible de la recueillir. Le nombre n'en est pas considérable, et cependant il nous manque plus d'une notion sur quelques uns d'entr'eux.

—

1. — **La Cantharide** (CANTHARIS VESICATORIA, Lat.).

La Cantharide est un Coléoptère hétéromère de la famille des Vésicants qui est connue de tout le monde et qui est remarquable par sa belle couleur verte dorée, par sa taille notablement grande, par l'odeur pénétrante qu'elle répand au loin et par l'emploi qu'on en fait en médecine C'est avec elle que l'on compose les vésicatoires qui sont d'un usage fréquent dans une foule de maladies. Cet insecte se montre vers le solstice d'été, à la Saint-Jean, le 24 juin, et se porte en troupe nombreuse sur les frênes, les lilas, le troëne, le serynga, le chèvrefeuille, la symphorine, le sureau. Lorsque la troupe a dépouillé un arbre de ses feuilles elle se porte sur un autre qu'elle traite de même. L'insecte a le vol assez lourd, et lorsque, dès le matin, avant le lever du soleil on secoue l'arbre, il tombe engourdi. On se sert de ce procédé pour le récolter dans les pays où il abonde, et où on en fait le commerce, c'est-à-dire en Espagne et dans le midi de la France. Il est moins commun dans le centre et le nord de cette dernière contrée. On étend un drap sous l'arbre chargé de ces insectes et on le secoue vivement; s'il résiste aux secousses on le frappe avec la tête de la hache, ou bien on secoue les branches successivement. On ramasse les insectes qui tombent et on les jette dans le vinaigre pour les faire périr : après quoi on les étend au soleil sur des linges pour les sécher. On les conserve dans des bocaux bien fermés jusqu'au moment où on les pile dans un mortier pour les réduire en poudre et en faire l'emploi.

Quoique la Cantharide soit très commune, qu'on la rencontre fréquemment en troupe nombreuse, on ne sait pas encore dans quels lieux sa larve se développe et de quoi elle se nourrit. On sait seulement que la femelle, fecondée sur les arbres, pond tous ses œufs dans la terre en un seul tas et les recouvre de la poussière tirée du trou qu'elle a fait. Ses œufs sont petits, jaunâtres, de forme cylindrique, aplatis aux deux extrémités. Au bout de 15 jours, il en sort de petites larves d'un blanc-jaunâtre, molles, allongées, déprimées, parsemées de petits poils, dont deux plus longs, en forme de soie à l'anus. La tête est arrondie, pourvue de deux petites antennes, de deux mandibules, fortes, arquées, pointues et de palpes. Le corps est formé de 12 ou 13 segments dont les trois premiers portent chacun une paire de pattes. On ignore ce qu'elles deviennent après leur naissance. Selon Latreille, elles rongent les racines des végétaux, ce qui est très douteux, vu la forme de leurs mandibules qui indiquent des habitudes carnassières. Il est plus probable qu'elles vivent en société dans le nid d'un Hyménoptère social comme les Bourdons et les Guêpes, et qu'elles se nourissent des larves de ces insectes. Je crois avoir remarqué que dans les années où les Cantharides sont communes, les Guêpes (*Vespa communis, V. germanica*, Lat.,) sont rares.

Si la Cantharide est un insecte utile en médecine, elle est aussi un animal nuisible à l'homme lorsqu'il en fait abus, et même sans en faire abus, lorsqu'il ne s'en défie pas. Elle nuit encore au frêne et à plusieurs arbustes dont elle ronge les feuilles, c'est pourquoi elle doit figurer parmi les insectes nuisibles aux végétaux utiles et d'agrément.

Cantharis vesicatoria, Lat. — Longueur, 16 - 20 mill. Elle est d'un vert brillant un peu doré. Les antennes sont filiformes, de la longueur de la moitié du corps, formées de 11 articles, le premier vert, les autres noirs. La tête est transverse, ponctuée ayant un sillon profond sur le vertex et trois enfoncements légers sur la face. Les yeux sont ovales et bruns; le corselet est un peu plus large que long, un peu retréci ière, ayant les angles antérieurs arrondis un peu saillants et bombés avec un petit sillon au milieu du dos et un enfoncement en arrière. Les élytres sont flexibles, plus larges que le corselet à la base, cinq fois aussi longues que ce dernier, à côtés parallèles, arrondies en arrière, finement chagrinées, avec deux côtes longitudinales peu saillantes. Le dessous du corps est pubescent. Les pattes sont vertes, comme l'insecte. Les tarses postérieurs ont quatre articles et les autres tarses cinq articles.

—

2. — Les Cantharides à bandes et de la moisson

(CANTHARIS VITTATA. Fab.; — C. SEGETUM, Fab.).

Dans l'Amérique on emploie, pour composer les vésicatoires, une autre espèce du genre *Cantharis* que l'on trouve abondamment sur la pomme de terre dont elle ronge les feuilles. Elle a les mêmes propriétés que la Cantharide du frêne ; on la prépare de la même manière pour son emploi dans la médecine et on ne connait pas ses premiers états. Cette espèce se trouve aussi dans la Morée. Je me contenterai de décrire succinctement l'insecte, et je mentionnerai en outre, une troisième espèce que l'on rencontre dans l'Algérie qui pourrait au besoin remplacer les deux premières. Les espèces du genre *Cantharis* sont nombreuses dans les contrées chaudes de l'Europe et probablement des autres continents, ce qui tend à confirmer l'opinion que leurs larves vivent et se transforment dans les nids de certains Hyménoptères sociaux de la famille des Guêpes.

2. *Cantharis vittata.* Fab. — Longueur, 16 mill.; largeur, 6 mill. Elle est verte à reflet bleu. Les antennes et les pattes sont d'un bleu-violet. Les élytres, flexibles, portent une large bande longitudinale brune. L'abdomen est d'un cuivreux brillant.

On la trouve en Amérique et en Morée.

3. *Cantharis segetum,* Fab. — Longueur, 10 mill.; largeur, 3 1/2 mill. Elle est d'un beau vert, un peu pubescente. La tête est couverte de points très forts et très serrés. Les antennes sont noires, à l'exception du 1er article qui est vert. Les parties de la bouche sont noires ; le corselet est couvert de points enfoncés placés irrégulièrement ; les élytres sont finement granulées ; le dessous du corps et les pattes sont vert-doré ; les tarses sont bleuâtres. Le vert des élytres est un peu bleuâtre.

Elle se trouve dans l'Algérie.

—

4 et 5. — **Les Mylabres de la chicorée et pustulés.**

(MYLABRIS CICHORII, Oliv.; — PUSTULATA, Oliv.).

Les Mylabres sont des insectes Coléoptères de la section des Hétéromères, c'est-à-dire ayant cinq articles aux tarses antérieurs et moyens et quatre seulement aux tarses postérieurs. Ils font partie de la famille des Trachélides et de la tribu des Vésicants ou Epispastiques. Ils ont de l'analogie dans leur conformation avec les Cantharides et jouissent comme elles de la propriété vésicante. On en trouve plusieurs espèces dans le midi de la France, posées sur les fleurs pendant le printemps et l'été, où elles sont occupées à chercher leur nourriture. On ne connaît pas leurs larves et on ignore le lieu qu'elles habitent ainsi que les aliments dont elles font usage. On suppose qu'elles sont parasites et qu'elles se tiennent dans les nids des Hyménoptères, qui établissent leur postérité dans des galeries souterraines et qu'elles se nourrissent des larves de ces insectes. Mais cette conjecture n'a pas encore été confirmée

3

par des observations directes et incontestables. L'insecte parfait se montre vers la fin du printemps et pendant l'été, et se laisse prendre sur les fleurs sans faire beaucoup d'efforts pour éviter la main qui le saisit.

Les anciens Grecs composaient leurs vésicatoires avec une espèce que l'on croit être le Mylabre de la chicorée, d'après la description qu'en donne Dioscoride, et l'employaient comme nous employons aujourd'hui les Cantharides. Les anciens Romains s'en servaient également. Mais cet insecte a été abandonné dans la Grèce et l'Italie modernes, pour faire place à la Cantharide dont les propriétés épispastiques sont peut-être plus énergiques. Il peut se faire que les Mylabres des pays chauds l'emportent sous ce rapport sur ceux de la France, et qu'on puisse maintenant les employer aussi avantageusement qu'autrefois dans toute l'Europe méridionale.

4. *Mylabris cichorii*, Oliv.—Longeur, 17 mill.; largeur, 4 1/2 mill. Les antennes sont noires, formées de onze articles allant un peu en grossissant et se terminant en massue arquée et pointue. La tête est noire, velue et ponctuée, un peu plus large que le corselet dont elle est détachée; le corselet est court, un peu plus étroit en devant qu'en arrière, arrondi à l'extrémité, noir, velu et ponctué; les élytres sont molles, velues, cinq fois aussi longues que le corselet, plus larges que ce dernier à la base, arrondies en dessus, à côtés presque parallèles, arrondies à l'extrémité, noires, marquées d'une tache jaunâtre, presque ronde à la base de chacune, et de deux bandes transverses, dentées, de la même couleur, l'une près de leur milieu, l'autre avant le bout; la poitrine et l'abdomen sont noirs et velus; les pattes sont de la même couleur et un peu velues.

Cette espèce varie beaucoup sous le rapport de la taille.

Les Chinois se servent d'une autre espèce du même genre pour composer les vésicatoires; c'est le *Mylabris pustulata*, sur la vie et les habitudes duquel on ne possède aucun renseignement.

5. *Mylabris pustulata*, Oliv. — Longueur, 27 mill.; largeur 7 mill. Il est noir, pubescent, finement granuleux. Les antennes, la tête et le corselet sont noirs. Les élytres sont d'un jaune-rouge, avec trois larges bandes transversales noires, dentées sur les bords; la première laisse à découvert deux taches rondes sur la base de la couleur générale (jaune-rouge); la dernière couvre l'extrémité. L'abdomen et les pattes sont noirs.

Il est commun à la Chine.

—

6 à 8. — **Les Méloés proscarabé ; — varié ; — de Mai.**

(Meloe proscarabæus, Lin ; — variegata, Lin ; — maialis, Lin.)

Les Méloés sont des Coléoptères hétéromères de la tribu des Vésicants, comme les Cantharides et les Mylabres, qui jouissent aussi de la propriété épispastique. Dans quelques contrées de l'Espagne, selon Catreille, on s'en sert à la place de Cantharides ou on les mêle avec elles. Les maréchaux en font aussi usage, suivant le même auteur. On les regardait autrefois comme un spécifique souverain contre la rage; mais dès que ce remède secret a été divulgué et soumis à l'expérience par les médecins, ses propriétés merveilleuses se sont évanouies. Quoiqu'il en soit de ces diverses qualités attribuées aux Méloés, ces insectes méritent d'être connus. On les distingue facilement des autres Coléoptères à leur corps gros et mou, à leur abdomen long et volumineux, dépassant beaucoup leurs élytres courtes, divergentes, sous lesquelles il n'y a pas d'ailes.

On sait que les femelles, après leur fécondation, creusent dans la terre un trou peu profond dans lequel elles pondent une grande quantité de petits œufs ovales, lisses, de couleur rougeâtre. Elles les recouvrent ensuite avec la terre où plutôt la poussière qu'elles ont extraite de l'excavation. La chaleur du soleil les couve et au bout de quelques jours il en sort des petites larves rougeâtres ayant une tête distincte, un corps allongé, six pattes et l'abdomen terminé par deux soies. Ces larves montent aussitôt sur les plantes environnantes et se répandent sur les fleurs. Lorsque les Hyménoptères mellifères des genres *Andrena* et *Halictus* s'y arrêtent pour butiner, les petites larves s'attachent à leur corselet ou à leurs ailes et sont emportées probablement dans leurs nids creusés dans la terre où elles ont déposé leurs œufs. Ces petites larves se nourrissent des larves des Andrennes et des Halictes et sont pour elles des ennemis très dangereux. Mais ces faits ne sont pas encore hors de doute et ont besoin d'être confirmés par des observations répétées.

On rencontre les Méloés au printemps se traînant sur l'herbe dans les champs, sur les pelouses et le long des chemins. Lorsqu'on les prend avec la main on voit aussitôt sortir des articulations de leurs pattes une goutelette de liquide oléagineux.

Après cet exposé il me reste à décrire les trois espèces indiquées plus haut.

6. *Meloe proscarabæus*, Lin. — Longueur, 22 mill.; largeur, 9 mill. Il est d'un bleu noir à reflets violets. Les antennes sont filiformes, de onze articles, allant en grossissant un peu jusqu'au 6e, et diminuant ensuite jusqu'au bout ; les sept premiers sont violets. Le corselet est presque carré, à angles antérieurs arrondis, d'un bleu-noir, ponctué, plus étroit que la tête. Les élytres sont plus larges que le corselet à la base, molles, chagrinées, béantes à l'extrémité, ne couvrant que la moitié de l'abdomen, d'un noir-bleu. L'abdomen est gros, épais, ovale, long, mou, très finement chagriné, presque lisse, d'un noir-bleu. Le dessous de l'abdomen est de la même couleur que le dessus. Les pattes sont bleues, à reflet violet.

Le mâle est plus petit que la femelle, à laquelle il ressemble, sauf que les 6e et 7e articles de ses antennes sont dilatés en palette.

7. *Meloe variegata*, Lat.; *Meloe maialis*, Oliv. — Longueur, 22 mil.; largeur, 10 mill. Les antennes sont filiformes ayant les six pre-

miers articles d'un rouge cuivreux et les cinq derniers noirs; elles sont de la longueur de la tête et du corselet. La tête est large, arrondie en devant, fortement ponctuée, d'un rouge cuivreux mêlé de vert. Le corselet est carré avec les angles arrondis, plat en dessus, un peu relevé aux bords latéraux, fortement ponctué, d'un rouge cuivreux, et vert au milieu. Les élytres sont fortement chagrinées, d'un vert-noirâtre, plus courtes que l'abdomen, béantes à l'extrémité. L'abdomen est gros et mou, ponctué, d'un rouge cuivreux avec le bord supérieur des segments vert. Le dessous et les pattes sont verts à reflets rouge-cuivreux.

On rencontre cette espèce au mois de mai le long des chemins à la campagne.

8. *Meloe maialis*, Lin., —Longueur, 38 mill.; largeur, 11 mill. Il est noir. Les antennes sont noires, filiformes, courtes, un peu moins longues que la tête et le corselet. La tête est noire, finement ponctuée, transversale, arrondie en devant. Le corselet est noir, presque carré, à angles antérieurs arrondis, ponctué, impressionné en arrière, un peu moins large que la tête. Les élytres sont noires, très finement chagrinées, atteignant à peine le 2e segment abdominal, molles et béantes à l'extrémité. L'abdomen est très long, mou, noir, ayant ses anneaux bordés d'une ligne rouge postérieurement. Le dessous et les pattes sont noirs.

Cette espèce se trouve dans le sud de l'Europe; on la rencontre dans le midi de la France et en Espagne.

9. — **Le Criquet nomade.**

(ACHRYDIUM PEREGRINUM, Oliv.).

Parmi les insectes, il s'en trouve quelques-uns qui sont utiles sous certains rapports et nuisibles sous d'autres rapports, et qui doivent figurer dans les deux divisions dans lesquelles on peut ranger les insectes en les considérant par rapport à l'homme. Le Criquet nomade est de ce nombre. C'est un de ces animaux appelés Sauterelles par les auteurs anciens et qui conservent encore ce nom aujourd'hui parmi les personnes qui n'ont pas étudié l'entomologie, que l'on doit regarder comme le plus nuisible aux récoltes et à toutes espèces de végétation dans les pays qu'il fréquente. Il habite les contrées orientales et ravage l'Egypte, la Syrie, la Mésopotamie, la Perse. etc. On le voit de temps à autre dans l'Algérie, venant du Sahara, où il est né. Il voyage quelquefois en troupes innombrables et couvre la terre sur laquelle il s'abat pour en dévorer la végétation. L'Algérie a été ravagée par lui en 1866-1867, et en 1868 il en est résulté une disette et une mortalité effroyable. C'est de cette Sauterelle redoutable que parle la Bible en plusieurs endroits, lorsqu'elle veut peindre la multitude des soldats d'une armée et la dévastation d'une contrée dépouillée de toutes ses productions végétales. C'est très probablement la fameuse Sauterelle qui a causé la 8e plaie de l'Egypte au temps de Moïse.

Ce même insecte est utile aux habitants des pays qu'il dévaste en ce qu'ils s'en nourrissent. Ils lui font la chasse, le ramassent pour le manger frais ou desséché. Comme il joue un rôle très important sous les deux rapports, il mérite qu'on en donne une histoire détaillée.

Les nids de l'*Achrydium peregrinum* (1) ou plutôt les étuis qui contiennent ses œufs, sont longs de 20 à 22 mill., sur une largeur de 5 à 6, et affectent une forme plus ou moins courbe. Ils sont déposés dans le sol et enduits de terre retenue par une matière visqueuse qui protége les œufs ; ils sont arrondis à leur base et tronqués à la partie antérieure qui présente une concavité circulaire. Les œufs sont au nombre de 40 environ, dans chaque nid, disposés à peu près sur trois rangs longitudinaux, à l'exception de ceux de la base qui offre un quatrième rang. Ils sont oblongs, testacés, longs de 4 à 5 mill., et non agglomérés entr'eux. Ces nids couvraient une immense étendue de terrain, aux envi-

(1) Lucas, *Ann. S. Ent.*, 1845.

rons d'Aboukir, dans la plaine des Trois-Marabouts, dans l'année 1849.

Le développement de l'*Achrydium peregrinum* depuis sa sortie de l'œuf jusqu'à l'état parfait, a été observé en Algérie. On a reconnu qu'il subit cinq mues. L'œuf est éclos le 13 juin. La première mue a eu lieu le 18; la deuxième le 24; la troisième le 2 juillet; la quatrième, par laquelle il est devenu nymphe en acquérant des rudiments d'ailes, s'est effectuée le 11 du même mois. Le cinquième changement de peau à la suite duquel il est devenu insecte parfait, a eu lieu le 24 juillet, c'est-à dire qu'il a employé six semaines à prendre tout son accroissement. Pendant tout ce temps, il broute l'herbe qu'il rencontre en marchant, et en consomme en proportion de sa taille. Lorsqu'arrivé à l'état adulte il n'en trouve plus autour de lui, il émigre dans les contrées voisines, les dévaste et s'accouple pour perpétuer son espèce. Le mâle périt bientôt après cet acte et la femelle, ayant déposé ses œufs dans un trou ou une fissure du sol, ne tarde pas à le suivre. Son histoire ressemble beaucoup à celle de l'*Achrydium migratorium*, Lin., exposée ailleurs (1).

Il est rangé dans l'ordre des Orthoptères, la famille des Sauteurs, la tribu des Achrydiens et le genre *Achrydium*. Son nom entomologique est *Achrydium peregrinum*, et son nom vulgaire *Criquet nomade*. Les Arabes de l'Algérie le désignent sous le nom de ; *El Djerad* (la Sauterelle), ou de *Djerad el arbi* (Sauterelle arabe).

9. *Achrydium peregrinum*, Oliv.— Longeur, 80 mill. Le corps est ordinairement d'un beau jaune vif, quelquefois d'un rougeâtre pâle et clair. Les antennes sont filiformes, jaunes à la base, obscures ensuite, atteignant l'extrémité du corselet. La tête est de la couleur du corps; elle paraît lisse et présente à sa partie posté-

(1) *Insectes nuisibles aux arbres fruitiers, aux plantes potagères, etc.*, 2e supplément.

rieure deux lignes obliques fort peu prononcées; les carênes faciales sont obtuses; le prothorax est pointillé surtout en arrière, la carène dorsale est faible; les sillons transversaux sont bien prononcés. Les élytres dépassent l'abdomen; elles sont assez étroites, arrondies au bout, opaques et jaunes à la base, ainsi qu'au bord antérieur, transparentes et incolores, chargées dans toute leur étendue de taches noirâtres carrées, les basilaires opaques, les autres fénestrées, étant formées chacune de taches noirâtres se détachant sur un fond incolore; les taches forment vers l'extrémité de l'élytre des bandes transversales fort irrégulières. Les ailes sont amples, de la longueur des élytres, transparentes, incolores, brillantes, à nervures jaunes, la base interne et le bord antérieur sont teintés de cette couleur. L'abdomen et le dessous du corps sont brunâtres, luisants. Les pièces ovales sont courtes. Les pattes sont d'un beau jaune; les cuisses postérieures sont très longues, très renflées; les genoux sont tachés de noir et les épines des tibias sont noires au bout.

On trouve cette espèce, pendant les mois de juillet, d'août et de septembre. C'est pendant ces mois qu'on la récolte pour en faire des approvisionnements. C'est aussi pendant les mois d'août et de septembre que la femelle dépose ses œufs dans la terre où ils restent jusqu'au mois de juin, suivant l'époque de leur éclosion. On a ainsi sept ou huit mois pour chercher les bourses qui les renferment, les brûler où les écraser et prévenir les dégâts qui menacent l'année suivante.

---

10. — **La Cigale de l'Orne.**

(Cicada orni, Lin.).

L'Orne est une espèce de Frêne (*Fraxinus ornus*, Lin.), qui croît dans le midi de la France et les autres contrées méridionales de l'Europe. En Sicile et en Calabre, il transsude du tronc, des branches et même des feuilles un suc poisseux, concret, qui est la manne médicinale. On l'obtient pour les besoins de la pharmacie en faisant une incision au tronc ou aux branches de l'arbre, par laquelle la sève s'écoule, s'épaissit à l'air et devient cette sorte de gomme appelée manne, que l'on récolte. Le Frêne ordinaire *(Fraxinus excelsior)*, jouit des mêmes propriétés que l'Orne dans les pays méridionaux.

Une espèce de Cigale appelée Cigale de l'Orne *(Cicada orni*, Lin.), vit sur le Frêne. La femelle pond ses œufs dans une petite branche sèche de cet arbre, les introduisant jusqu'à la moëlle à l'aide de sa tarière qui perce le bois. Ils restent là pendant l'incubation opérée par la chaleur de l'atmosphère. Dès qu'elles sont écloses, les petites Cigales se portent sur les racines en pénétrant dans la terre, et s'attachent à ces racines qu'elles percent avec leur petit bec pour en pomper la sève qui les nourrit. Leurs pattes antérieures sont courtes et ont les cuisses très fortes, armées de dents, propres à creuser la terre. Elles croissent, muent, et se changent en nymphes dans le sol. Ces dernières ne diffèrent des larves que par les fourreaux des ailes qu'elles portent sur les côtés du corselet; elles sont agiles et prennent de la nourriture en piquant les racines. Enfin la nymphe s'élève à la surface du sol et l'insecte parfait s'en dégage et s'envole sur les arbres où le mâle fait entendre son chant. Ces insectes se nourrissent en piquant l'écorce des branches avec leur bec pour en pomper la sève. Les blessures qu'ils font laissent suinter et écouler cette dernière qui s'épaissit, se fige et devient la manne. Il est probable que la propriété purgative de cette substance a été découverte dès le premier âge du monde et qu'elle est due au premier homme qui s'est avisé d'en manger.

La Cigale de l'Orne fait partie de l'ordre des Hémiptères, de la section des Homoptères, de la famille des Cicadaires et du genre *Cicada*. Son nom entomologique est *Cicada orni.*

10. *Cicada orni*, Lin. — Longeur, 27 mill. Le corps est épais, robuste, d'un testacé brunâtre. La tête est de la largeur du corselet, ayant les yeux gros, proéminents, les ocelles au nombre de trois,

placés en triangle sur le vertex, les antennes courtes, menues, de six articles dont le dernier en soie, le bec naissant de la partie inférieure de la tête, appliqué contre la poitrine dans le repos. Le prothorax est sans tache ; le mésothorax taché de noir; les segments de l'abdomen sont bordés de roussâtre; les ailes sont hyalines et dépassent l'abdomen. Les supérieures ou hémélytres ont leurs nervures brunes et la côte jaune ; elles sont marquées de deux rangs de points bruns, l'un de quatre points, l'autre submarginal de sept points ; les pattes sont d'un testacé brunâtre.

La femelle est muette; mais le mâle est très bruyant et chante continuellement sous l'ardeur du soleil.

---

11. — **Le Fourmilion.**

(MYRMELEON FORMICARIUM, Lat.).

Le Fourmilion doit être compté au nombre des insectes utiles parce qu'il fait la guerre aux fourmis de toute espèce pour s'en nourrir et qu'il en détruit beaucoup. Il ne nous rend peut-être pas autant de services qu'il pourrait le faire si nous savions mieux l'employer, mais la faute ne peut lui en être imputée et c'est à nous à utiliser l'industrie et l'appétit de sa larve. Celle-ci se rencontre pendant l'été, l'automne et le commencement du printemps au pied des vieux murs et des rochers à pic exposés au soleil, lorsqu'il s'y ramasse du sable fin où de la poussière de la terre que la pluie ne vient pas détremper. Elle creuse dans cette poussière ou ce sable un trou en entonnoir ayant un diamètre égal au double de la hauteur, selon le talus naturel du sable et se tient au fond du trou, enterrée dans le sable qui la cache entièrement. C'est là qu'elle attend les fourmis et les autres insectes dont elle se nourrit. Lorsqu'une fourmi passe sur le bord du trou, le sable s'éboule sous ses pas et elle tombe au fond où le Fourmilion la saisit avec ses pinces, la suce aussitôt et rejette son cadavre hors de son habitation. Il agit de même avec tout autre insecte qui tombe dans son piége, et il en saisit de plus grands et plus forts que lui. Cette larve met presque deux ans à prendre toute sa croissance. Elle commence à se montrer en août, et ne se transforme en insecte parfait qu'au mois de juillet suivant. Pendant le cours de sa vie elle creuse des entonnoirs proportionnés à sa taille et les agrandit de plus en plus pour étendre son piège. Elle change de place lorsque son affût ne lui procure pas assez de gibier. Elle peut vivre longtemps sans manger et sans paraître maigrir. Elle ne marche qu'à reculons, et lorsqu'elle veut creuser son entonnoir elle trace dans le sable, en reculant, un sillon circulaire du diamètre qu'elle juge convenable de donner à l'ouverture de cet entonnoir. Elle rejette au dehors le déblai que fait son abdomen en le changeant sur ses mandibules ou pinces croisées qui, par un brusque mouvement de la tête, le lance au loin. Elle continue à reculer circulairement et à jeter du sable, en décrivant une spirale jusqu'à ce qu'elle soit arrivée au centre de la courbe, qui est le fond du trou. Elle s'enfonce alors dans le sable, ne laissant sortir que la pointe de ses pinces, et attend avec patience qu'une fourmi tombe dans le piége.

Elle parvient à toute sa taille vers le 2 juin de sa deuxième année; elle a alors 15 mill. de longueur. Elle est de couleur grise sans tache ; sa tête est petite, déprimée, terminée par deux longues mandibules pointues, dirigées en avant, courbés à l'extrémité, garnies de petites dents au côté interne, et percées dans toute leur longueur d'un canal pour l'écoulement des liquides contenus dans l'insecte sucé. Le corselet est petit, de la largeur de la tête. L'abdomen est ovale, très gros, formé de neuf segments portant chacun une petite touffe de poils de chaque côté. Elle est pourvue de six pattes thoraciques.

Dès qu'elle n'a plus à croître, elle s'enfonce dans le sable et s'enferme dans un cocon sphérique de 10 mill. de diamètre, couvert de sable ou de terre à l'extérieur et garni à l'intérieur d'une couche de soie très blanche, très molle et d'un tissu très fin. L'insecte parfait se montre vers le 22 juillet.

Il est classé dans l'ordre des Névroptères, dans la famille des Planipennes, dans la tribu des Myrméléonides et dans le genre *Myrmeleon*. Son nom entomologique est *Myrmeleon formicarium*, et son nom vulgaire : *Lion des fourmis*, *Fourmilion*.

11. *Myrmeleon formicarium*, Lat. — Longeur, 30 à 36 mill.; envergure, 65 mill. Le corps est noirâtre ; les antennes sont noires, un peu plus courtes que la tête et le corselet, grossissant de la base à l'extrémité. La tête a le front lisse, avec un sillon dans son milieu et des taches annulaires jaunâtres ; les yeux sont gros. Le corselet est noir, velu, ayant dans son milieu une ligne longitudinale et ses bords latéraux d'un jaune-roussâtre. L'abdomen est très long, cylindrique, grêle, noir, ayant le bord postérieur de chacun de ses segments d'un jaune-roussâtre pâle. Les ailes dépassent un peu l'abdomen ; elles sont étroites, terminées en pointe, transparentes, tachées de brun, avec le parastigma, une tache costale et quelques atomes blanchâtres. Les pattes sont courtes, d'un brun-noirâtre ; les tarses ont cinq articles.

La larve de cet insecte est facile à élever en captivité en la mettant dans le sable et la nourrissant avec des mouches ou d'autres insectes. On pourrait s'en servir pour faire la guerre aux fourmis. On ferait usage d'une caisse de 20 à 25 centimères de côté et de 15 centimètres de hauteur, remplie de sable fin et sec ou de terre pulvérisée, dans laquelle on mettrait une larve du fourmilion. On placerait cette caisse, enfoncée dans le sol à fleur de terre, sur le chemin des fourmis qui rôdent autour de la maison. Il faudrait la couvrir d'un petit chapiteau pour empêcher la pluie de mouiller le sable, sans cependant intercepter les rayons du soleil. Une dizaine de ces piéges, plus ou moins, selon les circonstances, convenablement placés, détruiraient un nombre considérable de fourmis.

La France méridionale possède plusieurs espèces de Fourmilions qui ont les mêmes mœurs que le précédent, et dont les larves pourraient rendre un service analogue à celui que l'on vient d'indiquer, entr'autres la plus grande et la plus belle des espèces, dont la volumineuse larve doit détruire un très grand nombre de fourmis :

C'est le *Myrmeleon libelluloides*, Lat. — Longueur, 40 à 46 mill. ; envergeure, 12 cent. Le corps est jaune, avec des lignes noires. Les antennes sont noires, prenant naissance sur un tubercule jaune, couvert d'une touffe de poils noirs. La tête est noire à sa partie antérieure, jaune sur son sommet, avec une ligne longitudinale noire. Le corselet est velu, jaunâtre, ayant dans son milieu une ligne noire faisant suite à celle de la tête. L'abdomen est long, cylindrique, noir, avec quatre bandes longitudinales jaunes, dont les deux latérales n'atteignent pas l'extrémité. Les ailes sont d'un blanc grisâtre, avec leurs nervures jaunes, des points et des taches de couleur brunes plus abondantes sur les supérieures que sur les inférieures ; ces dernières ayant, en outre, deux bandes transversales, dont l'une, située sur l'extrémité, est légèrement arquée. Les pattes sont brunes.

Cette espèce se trouve en Orient, dans l'Europe méridionale, le midi de la France, etc.

12. — La Cochenille de Pologne

(PORPHYROPHORA POLONICA, Burm.).

La Cochenille de Pologne, appelé aussi Graine d'écarlate de Pologne, est une Gallinsecte qui vit en Pologne et dans plusieurs provinces de la Russie. On la trouve attachée aux racines du *Polygonum cocciferum* et du *Sclerantus perennis*. La couleur qu'elle donne est presque aussi belle que celle de la Cochenille du nopal *(Coccus cacti)* ; mais la découverte de cette dernière a fait négliger la première, qui est moins abondante et plus difficile à trouver. Réaumur nous a fait connaître ce que l'on savait de son temps sur cet insecte, d'après un mémoire publié en 1731, par Breynius, qui s'en est occupé avec assiduité. Ce mémoire est écrit en latin.

Vers la fin de juin et le commencement de juillet on trouve la graine d'écarlate en état d'être ramassée, et c'est aussi le temps où on la détache des racines de la plante. Chaque grain est alors à peu près sphérique et d'une couleur pourpre-violet. Les uns ne sont pas plus gros que des grains de pavot, et les autres sont aussi gros que des grains de poivre. Chacun est logé en partie dans une espèce de coupe ou de calice, comme un gland dans le sien ; plus de la moitié extérieure est recouverte par le calice. Le dehors de cette enveloppe est raboteux et d'un brun noir, mais son intérieur est poli. Certaines plantes ne portent que 2 grains, d'autres en portent jusqu'à 40, et à cette époque tous ces grains sont remplis d'un suc sanguinolent.

Vers le 24 juillet, il sort de chacun de ses grains une larve rouge dont la taille est proportionnée à l'enveloppe d'où elle sort. Cette larve, longue de 5 mill. pour les plus grandes, sur 4 mill. de largeur, est ovale ; elle présente deux courtes antennes filiformes, douze segments sur le corps, sans distinction de tête, de thorax et d'abdomen, et six pattes. L'ovale est cependant un peu atténué en devant. Au bout de quelques jours ces larves se contractent et se couvrent d'un duvet blanc épais ; après peu de temps il sort de dessous cette espèce de cocon 50 œufs environ, très petits, ovales et rouges, lesquels ne tardent pas à éclore, et donnent naissance à des petites larves rouges, subcylindriques, segmentées, ayant deux petites antennes, six pattes et deux soies à l'extrémité de l'abdomen. Ces petites larves s'attachent aux racines de la plante, près du collet, qu'elles sucent avec leur bec pour se nourrir, grandir et devenir, au mois de juin de l'année suivante, les vessies subsphériques contenues dans un calice, telles qu'on les a décrites plus haut.

On voit quelquefois auprès des Cochenilles attachées aux racines de la plante ou voltiger autour de celle-ci, un petit moucheron noir, dont les ailes sont bordées de rouge. C'est le mâle de la Cochenille qui cherche à la féconder et qui est obligé de se glisser dans la terre par une fissure pour arriver jusqu'à elle.

Selon la conjecture de Breynius, le calice de la Cochenille est formé de la peau de l'insecte et de sucs terreux au moment de la mue, qui change la larve en vessie.

Ce petit Hémiptère fait partie de la famille des Gallinsectes et du genre *Porphyrophora*. Son nom entomologique est *Porphyrophora polonica*, et son nom vulgaire, *Cochenille de Pologne, graine d'écarlate de Pologne.*

12. *Porphyrophora polonica*, Burm. — *Femelle*: longueur, 5 mill. Elle est ovale, couleur de sang. Ses antennes sont formées de huit articles, le corps est segmenté et le dernier segment porte un bouquet de poils. Les pattes sont au nombre de six, *Forme globuleuse contenue dans un calice;* 2-4 mill. de diamètre, couleur bleu- violet de prune.

Mâle: longueur 2 mill. Il est noir. Ses antennes sont formées de neuf articles. Son abdomen est terminé par un bouquet de poils, plus longs que le corps, et par un court pénis. La tête est arrondie, dégagée, le thorax distinct. Les ailes, au nombre de deux, sont blanches, bordées de rouge le long de la côte.

---

13. — La Cochenille de la Laque
(Coccus lacca; — Lacanium lacca, Brandt.).

La laque est une matière que l'on trouve dans le commerce sous différentes formes.

1° Sous celle dite en bâton, qui est fort rare maintenant, et qui se présente sous l'apparence d'une substance de couleur rouge plus ou moins foncée, presque translucide, inégale, raboteuse, noueuse, dure, mais friable, formant une sorte de croûte de l'épaisseur de 2 mill. environ autour d'un petit bâton de la grosseur de 6 à 15 mill. de diamètre, et sur une étendue de 5 à 10 centim. La surface est ordinairement percée de petits trous qui communiquent avec des vides ou alvéoles intérieurs. Cette laque en bâton provient principalement du Bengale, du Pégu et du Malabar.

2° La laque en grains, qui est composée de morceaux de celle dite en bâton, que l'on a détachés.

3° Quand on liquéfie, à l'aide du feu, cette laque détachée des bâtons, on lui donne différentes formes; on la dit en gâteaux, en pains, en écailles ou en tablettes.

On trouve rarement la laque en bâton chez les marchands, parce qu'elle est fondue et réduite en tablettes pour être livrée au commerce et employée dans l'industrie, soit sur les lieux de production, soit dans des établissements spéciaux.

La laque est produite par une Gallinsecte ou Cochenille qui vit sur différentes espèces d'arbres des pays inter-tropicaux. On la trouve sur le *Croton bacciferum;* les *Mimosa corinda* et *cinerea;* les *Ficus indica* et *religiosa;* le *Rhamnus jujuba.* James Kerr, qui a inséré dans le 71e volume des *Transactions philosophiques,* une dissertation sur cet insecte, dit qu'au Bengale c'est surtout sur les branches des deux grandes espèces de figuiers que l'on vient de nommer, et sur le jujubier que l'on ercueille cette matière. Il ajoute que lorsque les extrémités des branches sont attaquées par l'insecte elles se flétrissent, se déssèchent après avoir perdu leurs feuilles et leurs fruits. Les insectes s'y trouvent dans une matière poisseuse qui s'attache aux pattes des oiseaux qui la transportent ainsi d'un arbre à un autre. C'est surtout sur les arbres des forêts incultes qui bordent les rives du Gange que celte production est commune. Celle qui se développe sur le jujubier est d'une couleur moins foncée et de moindre prix que celle qui découle des figuiers. On recueille cette matière en brisant les branches sur lesquelles elle adhère fortement. James Kerr a donné des figures de l'insecte qu'il a nommé *Cochenille de la laque.* Il résulte de sa description que l'insecte est de la grosseur d'un pou, qu'il est de couleur rouge, formé de douze segments, pourvu de six pattes, et qu'il est ovale en arrière et terminé par des soies.

M. Carter, qui a étudié cet insecte en 1860 et 1861, donne des détails plus circonstanciés. A sa naissance il a une longueur de 1/40 de pouce anglais; il est de couleur rouge, de forme ovale, atténué en arrière, pourvu de deux petites antennes ayant quelques poils isolés, de six pattes et deux soies caudales. Son petit bec est placé en dessous, entre les pattes antérieures, le corps est segmenté et présente deux papilles dorsales, thoraciques, et une anale secrétant de filaments cotonneux. L'insecte parfait, à son état adulte, a 1/18 de pouce anglais de long et a conservé la même forme. Mais dès que la femelle est fécondée, son volume s'accroît considérablement et rapidement, et atteint 5 à 6 mill. de longueur.

Dès sa naissance, la petite Cochenille se fixe sur une branche pour en pomper la sève. Une multitude s'établissent à côté les unes des autres, se touchant presque, et sucent la sève pour se nourrir. Elles secrètent aussitôt une matière poisseuse qui remplit les intervalles, qui les sépare et les recouvre entièrement, excepté l'ouverture postérieure par laquelle les petits doivent sortir. Cette matière se sèche, se durcit, et forme la croûte de laque qui enveloppe la branche sur laquelle vivent les insectes.

Les mâles subissent une transformation en chrysalide sous une incrustation ou coque ovale, un peu atténuée au bout antérieur et arrondie aux deux extrémités.

La Cochenille de la laque à deux générations par an, la première se montre au commencement de juillet et la seconde au commencement de décembre. La fécondation des femelles de la génération estivale a lieu le 20 septembre et celles des femelles de la génération hivernale vers le 1er mars.

Cette Cochenille, dont la femelle, à l'époque de la ponte ou de l'accouchement, a perdu ses antennes et ses pattes, dont les segments de l'abdomen ne sont plus apparents, se range dans le genre *Lecanium*.

13. *Coccus (Lecanium) lacca*. ♀ (Avant la fécondation). — Longueur, 1 mill. 1/2. Elle est de couleur rouge minium, ovale, obtuse en devant, atténuée en arrière; les antennes sont filiformes,

de cinq articles ayant quelques poils isolés ; les segments de l'abdomen sont au nombre de huit; le dernier est terminé par deux longues soies ; le dos du thorax présente deux papilles et l'extrémité de l'abdomen une papille secrétant des filaments cotonneux Elle est pourvue d'un rostre pectoral et de six pattes. *Gonflée.* Longueur, 5 mill. Piriforme, atténuée en pointe antérieurement, sub-arrondie postérieurement, lisse, luisante, d'un rouge-noir.

♂. — Longueur, 1 millimètre 1/2. Il est rougeâtre, ovale, ayant la tête sub-globuleuse, dégagée, pourvue de deux antennes filiformes, plus longue que chez la femelle, de deux yeux et de deux petits tubercules à l'emplacement de la bouche. Le corps est ovale, allongé, atténué en arrière, terminé en pointe, d'où sort un pénis allongé, et terminé par deux soies plus longues que le corps. Le thorax est bien marqué et l'abdomen est formé de sept à huit segments ; les ailes sont blanchâtres, transparentes, avec deux nervures roses et dépassant l'abdomen ; les pattes sont assez fortes.

Lorsque la femelle vit isolément elle devient, à l'époque de la ponte ou de l'accouchement, carénée sur le dos, dentée sur les bords, ayant en dessus une papille saillante vers l'extrémité postérieure et deux papilles thoraciques, desquelles sortent des filaments cotonneux.

On tire de la gomme laque une couleur rouge. Elle est employée dans les arts principalement pour faire des vernis qui prennent beaucoup de solidité. Elle entre dans la composition de la cire à cacheter.

On donne le nom de laque à un précipité rouge d'alumine de diverses teintures que l'on emploie dans la peinture et le lavis. Cette laque n'a aucun rapport avec la laque du Bengale ou gomme-laque.

14. — La Cochenille de la Cire.
(COCCUS PÉ-LA; ERICERUS PÉ-LA, Guer.).

La Cochenille de la cire est une Gallinsecte qui se trouve en Chine, et qui vit sur un arbre appelé *Rhus succedanea*. Les larves de cette espèce se répandent sur les branches et s'y fixent quelquefois en si grand nombre, qu'elles en sont enveloppées complétement sur une assez grande étendue, sans cependant se toucher. Ce sont les larves qui doivent par la suite devenir des mâles qui s'attroupent ainsi; elles enfoncent leur petit bec dans l'écorce et pompent la sève pour se nourrir; elles se couvrent alors d'une matière blanche, concrète, abondante, d'une notable épaisseur qui forme une croûte ou enveloppe continue à la branche et empêche de voir ces insectes. J'ai vu chez M. Guérin-Meneville des petites branches de *Rhus succedanea*, de la grosseur de 5 à 10 mill. de diamètre, couvertes de cette matière blanche comme de la craie, d'une épaisseur de 1 à 2 mill. environ, qui les recouvre entièrement sur une longueur de 1 à 2 décimètres. Cette matière est percée à l'extérieur de quelques petits trous; si on la détache de la branche par fragments ou par plaques plus ou moins grandes, on voit à la surface interne une multitude infinie de petits trous, comme ceux que ferait une aiguille, très voisins les uns des autres, dans quelques-uns desquels on aperçoit des pellicules, des débris d'insectes desséchés dont je n'ai pu distinguer les formes; ces sont les restes de petites Cochenilles qui ont secrété la croûte spumeuse, et les trous sont les alvéoles dans lesquelles elles ont été renfermées.

On récolte la matière blanche spumeuse en coupant les branches qui la portent et ensuite en la détachant par fragments de dessus ces branches; après quoi, on la fait fondre au feu, ce qui produit une cire dont on se sert pour la fabrication de la bougie en Chine.

Je ne connais pas l'insecte, et je ne peux parler de son jeune âge, depuis le moment de sa naissance jusqu'au moment où la femelle, fécondée, est gonflée et déformée par les œufs qu'elle renferme dans son corps. Je suppose qu'il ressemble beaucoup aux autres jeunes Cochenilles par les traits généraux et que les mâles qui peuvent sortir de la croûte spumeuse qui les emprisonne, fécondent les femelles qui vivent isolément.

La femelle fécondée acquiert un volume notable lorsqu'elle est prête à pondre.

On donne à cet insecte le nom de *Pé-la*, qu'il porte en Chine. Son nom entomologique est *Coccus Pé-la; Coccus ceriferus; Ceroplastes Pé-la; Ericerus Pé-la*, Guér , et son nom vulgaire, *Cochenille de la Cire*.

14. *Coccus (Ericerus) Pé-la*, ♀ — Longueur, 5 à 7 mill. Elle est presque hémisphérique, un peu atténuée à l'extrémité antérieure, échancrée à l'extrémité opposée, d'un brun-rougeâtre, lisse, sans apparence de segments et de membres.

♂ (Dessiné par M. Guérin). — Longueur, 1 mill. Il est pourvu de deux antennes filiformes, de deux ailes blanches qui dépassent l'abdomen et de deux longues soies anales.

On voit sur le dos de certaines femelles des petits trous ronds, par lesquels sont sortis les parasites dont les larves leur ont rongé e s entrailles et les ont fait périr. Ces parasites sont inconnus.

---

15. — Les Cochenilles de l'Araça et de la Casse.

(Coccus psidii et Coccus cossiæ, Chev.) (1).

On trouve sur les collines des environs de Rio de Janeiro, ville capitale du Brésil, deux espèces de Cochenilles dont les femelles sont revêtues d'une couche de matière céreuse ou plutôt céro-résineuse. La première vit sur un arbuste appartenant au genre *Psidium*, connu dans le pays sous le nom de *Araça* sauvage. Les

(1) *Ann. Soc. entom.* 1848. Ces deux espèces font partie du genre *Ceroplastes*.

femelles, placées sur les petites branches de 4 à 6 mill. de diamètre, s'y trouvent quelquefois en nombre si considérable, qu'elles les recouvrent presque entièrement. Les plus grandes ont 8 à 10 mill. de long. sur 7 mill. de large, et 4 à 6 mill. de hauteur. La forme générale de ces femelles ressemble à la carapace très bombée d'une tortue; leur couleur est d'un blanc de cire, et le sommet de cette carapace est marqué d'un point grisâtre en forme de mucro ou de pointe, quelquefois un peu enfoncé. De ce point partent en divergeant des espèces de côtes peu prononcées; lorsque l'on coupe au milieu de ce mucro et perpendiculairement à la couche cireuse, on trouve qu'il correspond à une sorte d'apophyse ou d'élévation de la carapace. La couche cireuse a, sur ce point, un aspect plus luisant et moins grenu qu'ailleurs; le limbe ou pourtour embrasse en partie la branche; il est terminé par un liseré très étroit formant une sorte de rebord. A la partie antérieure, toujours tournée vers l'extrémité de la branche, on remarque assez près du bord un point enfoncé, un peu noirâtre, qui est la partie antérieure de la tête de l'insecte. Les jeunes femelles sont plus aplaties que les vieilles ; leur couche cireuse est mince, dans les plus grands individus cette couche acquiert 1 millimètre d'épaisseur.

Quand on détache ces insectes des petites branches auxquelles ils adhèrent, il s'échappe des plus gros des œufs rougeâtres au nombre de 200 et plus ; on aperçoit alors une cavité tapissée par le derme de l'insecte (la peau du ventre est collée à celle du dos) Lorsque celui-ci est mort depuis quelque temps, on peut facilement séparer l'enveloppe cireuse du derme de l'animal. On aperçoit sur la partie de l'insecte qui adhère au rameau et sur l'écorce de celui-ci quatre petits traits blancs et obliques qui, sans doute, sont les indices des pattes.

Les œufs que l'on fait tomber de l'intérieur de la Cochenille se conservent et éclosent très bien dans des petites boites de carton. Les Cochenilles nouvellement écloses sont rougeâtres et fort agiles.

La deuxième espèce de Cochenille à cire vit sur une *Cassia* à fleurs violettes ; elle est plus rare et plus grosse que la précédente dont elle se distingue facilement par une teinte fuligineuse sur la partie antérieure de l'enveloppe. Les femelles adultes sont longues de 10 à 13 mill., larges de 6 à 8 mill., et hautes de 6 mill. Leurs œufs sont d'un rouge orangé. Les détails donnés sur l'espèce précédente s'appliquent à celle-ci.

Infusés dans une eau à laquelle on a ajouté un peu d'ammoniaque liquide ou même de l'eau pure, ces *Coccus* donnent une matière colorante abondante d'un rouge amarante. En évaporant à siccité elle devient couleur terre de Sienne ou d'ocre brûlé, celle du *Coccus cassiæ* est d'un rouge moins amaranthe que celle du *Coccus psidii* : c'est un rouge-orangé.

En renfermant les *Coccus* dépouillés de leur matière colorante dans un sac d'étoffe claire qu'on fait bouillir dans l'eau on obtient la plus grande partie de la matière céro-résineuse qui vient nager au-dessus de l'eau, tandis que les débris des *Coccus* restent dans le sac. Cette cire forme un gâteau jaunâtre d'une odeur particulière ; elle se brise facilement et la cassure laisse apercevoir une quantité de petites boursoufflures, résultat d'une fusion incomplète. Elle jouit de propriétés électriques aussi grandes que celles de la gomme-laque. Elle commence à fondre à 54° R., mais ne se liquéfie entièrement qu'à 60° ; elle brûle avec une flamme brillante.

La matière cireuse est produite par une sécrétion de la peau de l'insecte et non par le suintement de l'arbre piqué par cet insecte.

On trouve autour des cellules qui constituent la gomme-laque un liquide laiteux que les habitants de l'Inde emploient comme glû, après lui avoir fait subir une préparation ; ce liquide provient de l'arbre.

La manne qui découle du Tamarin, sur lequel vit le *Coccus manniparus*, Ehren , lequel est également enveloppé de cire, est un produit de cet arbre, comme la manne médicinale est quelquefois produite par la piqûre du *Coccus Fraxini* en Calabre (1).

---

16. — La Cochenille de la Manne.
(COCCUS MANNIPARUS, Ehren.).

Dans son voyage en Arabie et au mont Sinaï, fait en 1823, le docteur Ehrenberg a eu l'occasion d'observer la Cochenille qui produit la manne, et à son retour il a fait connaître cet insecte.

Il croît sur les monts Sinaï une espèce de Tamarin appelé *Tamarix manniferus,* ressemblant beaucoup au *Tamarix gallica,* qu'on voit en France, qui nourrit sur ses branches et ses rameaux une multitude de petites Cochenilles.; elles y sont en si grand nombre que l'écorce paraît couverte de verrues. Elles enfoncent leur petits becs dans l'écorce pour pomper la sève qui les nourrit, et font des blessures par lesquelles s'écoule un suc qui s'épaissit en sirop roussâtre, visqueux, qui découle de l'arbre en abondance, surtout pendant la pluie. Il tombe sur la terre en larmes de différentes formes et de différentes grosseurs, à peu près comme les pois espagnols ; les Arabes donnent à cette substance le nom de *Man,* ils la ramassent et la mettent dans des outres ; ils font cette récolte le matin et le soir parce qu'elle est alors plus ferme ; par le grand soleil elle coule sur terre. Eux et les moines grecs du couvent du Sinaï mangent la manne en guise de miel avec du pain.

La Cochenille de la manne, femelle pleine de ses œufs, a 1 à 2 lignes de longueur (2). Elle est aptère, obtuse, conique, fixée, céreuse, jaunâtre. Vierge, elle a 1/5 de ligne de long.; elle est molle, blanchâtre, a le corps elliptique, plan et glabre en dessous, convexe en

(1) On admet généralement que la manne médicinale est produite par la piqure faite au frêne-orne par la cigale de l'orne (*Cicada orni*, Lin.)

(2) Lignes allemandes, plus grandes que les lignes françaises.

dessus, marbré de villosités, formé de douze segments dont le premier est le plus grand; l'abdomen, les antennes et les pattes sont hyalines. Le dos est marqueté d'une courte villosité blanche rangée en lignes longitudinales et transversales. Les antennes sont formées de neuf articles portant de petits poils isolés. Les six pattes articulées sont terminées par un crochet et un poil. Le bec est court, obtus, naissant de la poitrine.

Le mâle est inconnu.

Lorsque la femelle fécondée a pris toute sa croissance, elle s'enveloppe dans une vésicule de cire sub-elliptique, secrétée par la peau, fixée à la branche par une base à peu près plane. L'insecte est couché dans sa cellule au milieu d'un lit de coton assez épais qu'il a secrété; les coques sont isolées sur les branches ou agglomérées plusieurs ensemble; les petites Cochenilles écloses des œufs de la mère sortent par une ouverture de la coque cireuse de cette dernière et vont se répandre sur les branches du Tamarin pour produire une nouvelle génération.

Le docteur Ehrenberg pense que le suc gommeux qui dégoutte des branches du *Tamarix manniferus* et tombe en larmes sur la terre, est la véritable manne dont les Israélites se nourrirent dans le désert; l'insecte qui la produit, le *Coccus manniparus*, fait aujourd'hui partie du genre *Ceroplastes ;* c'est le *C. manniparus*.

---

17. — La Cochenille du Nopal.

(Cossus cacti, Lin.) (1).

La matière connue dans le commerce sous le nom de Cochenille, est tirée d'un insecte, ou, pour parler plus exactement, est l'insecte lui-même desséché et mutilé. C'est d'elle que l'on tire la teinture pourpre et écarlate en la traitant convenablement et selon l'art du teinturier; c'est aussi d'elle que l'on obtient le carmin employé

(1) *Reaum.*, t. IV, p. 87.

dans la peinture et le dessin. L'insecte est exotique et a été trouvé au Mexique où sa récolte et sa culture étaient et sont encore une des sources de la richesse du pays. Elle a été transportée à Saint-Domingue, à Java, aux Iles Canaries, en Espagne, à Cadix et à Malaga, où elle réussit et où on l'exploite avec avantage.

La Cochenille est une Gallinsecte analogue à celles qui vivent chez nous sur les pêchers, la vigne, les noisetiers, etc., mais qui forme une espèce parfaitement caractérisée. Au Mexique, on en distingue deux variétés, la fine appelée Mestèque, parce qu'on en fait des récoltes à Mestèque, dans la province de Honduras, et la Silvestre parce qu'on la recolte sur les plantes qui croissent naturellement. La première vit sur les plantes que l'on cultive pour la nourrir; elle est plus chère que la Silvestre parce qu'elle fournit plus de teinture; les plantes sur lesquelles elles s'élèvent l'une et l'autre sont appelé *nopalli* par les Indiens, et connues en Français par les noms *d'Opuntia*, de *figuier d'Inde*, de *Raquette*, de *Nopal*. Ce sont des plantes grasses à plusieurs tiges, formées de feuilles placées bout à bout comme les grains d'un chapelet; ces feuilles sont plates, très épaisses, ovales, et produisent une espèce de figue mangeable, d'une médiocre qualité. Les Indiens plantent des Nopals autour de leurs habitations pour nourrir les Cochenilles dont ils font plusieurs récoltes dans l'année; la dernière a lieu lorsque la saison des pluies approche; les pluies et les temps froids sont à craindre pour ces petits insectes; les Indiens coupent les feuilles sur lesquelles sont les petites Cochenilles et les portent dans leurs habitations. Les Cochenilles continuent à vivre et à croître sur ces feuilles grasses qui ne se déssèchent pas et elles sont sur le point de faire leurs petits lorsque la saison des pluies est passée, car elles sont vivipares; ce sont elles qui doivent être semées sur les Nopals.

Les Indiens font alors des espèces de petits nids semblables à ceux des oiseaux, avec de la mousse, du foin fin, de la paille fine, des filaments de noix de coco, dans chacun desquels ils mettent

12 à 14 Cochenilles et placent les nids entre les feuilles d'Opuntia où ils sont retenus par des épines de Mimosa récoltées exprès pour cet usage. Pour faire ces nids, ils prennent de la paille longue ou du foin gros comme le pouce qu'ils plient par le milieu attachant les deux bouts ensemble avec du fil ou un brin de paille, leur donnant 10 à 12 cent. de longueur.

Au bout de trois à quatre jours les Cochenilles font leurs petits au nombre de plus d'un millier chacune; ils sont gros comme des pointes d'aiguilles; ces derniers quittent aussitôt les nids et se répandent sur les feuilles où ils ne tardent pas à se fixer en y enfonçant leur petits becs dans le lieu qu'ils ont choisi pour sucer le suc de la plante. Les petites Cochenilles sont ovales et pourvues de six pattes. Elles sont recherchées par les fourmis qui ne leur font pas de mal et par d'autres insectes qui les dévorent. Les Indiens les défendent de leur mieux contre ces derniers.

La première récolte que l'on fait est celle des mères déposées dans les nids, ce qui s'exécute en enlevant les nids dont on extrait ces insectes. Au bout de trois ou quatre mois, selon la saison, on fait la seconde récolte provenant des petits de ces mères dont quelques-uns déjà ont commencé à faire des petits; on se sert pour cela d'un petit pinceau de poils attaché au bout d'un petit bâton avec lequel on les enlève de dessus les feuilles. On laisse quelques grosses Cochenilles pour multiplier l'espèce et beaucoup de celles nouvellement nées qui donnent une troisième récolte au bout de trois ou quatre mois; aussitôt après celle-ci, vient la saison des pluies, et ce sont des individus de cette troisième récolte laissés sur les feuilles que les Indiens rentrent dans leurs maisons.

Après que les Cochenilles sont ramassées on les fait périr en les plongeant dans l'eau bouillante au moyen de paniers qui les contiennent, ou en les mettant au four sur des claies ou nattes, ou en les plaçant sur une plaque de fer que l'on chauffe en dessous au moyen d'un réchaud. Les insectes morts par ces procédés perdent un peu de leur couleur naturelle, mais leur propriétés tinctoriales n'en est pas altérée.

Lorsque la Cochenille est dans son jeune âge, c'est-à-dire à l'état de larve, on remarque qu'elle est molle, aptère, déprimée, et de forme ovale allongée ; que son corps est formé de treize segments y compris la tête, toujours peu distincte ; que les yeux sont très petits, à peine apparents ; que les antennes sont courtes, filiformes, composées de neuf articles ; que le bec est court, formé de trois articles, naissant du sternum entre la tête et l'insertion des pattes antérieures ; que l'abdomen est garni de deux filets courts à son extrémité et qu'elle est pourvue de six pattes. Le corselet et l'abdomen sont peu distincts et l'insecte ressemble à un petit Cloporte. Le mâle ne diffère pas de la femelle pendant cet âge, il est seulement un peu plus petit ; mais arrivé au terme de sa croissance, il subit une métamorphose et se change en chrysalide immobile sous la peau de la larve. Peu de temps après il éprouve une seconde métamorphose et paraît sous la forme d'un insecte à deux ailes. La femelle reste constamment sous la même forme et prend toute sa croissance sur le lieu où elle s'est fixée. Après son accouplement, elle pond ses œufs sous son corps et les petites Cochenilles en sortent au bout d'un certain temps.

L'insecte parfait fait partie de l'ordre des Hémiptères, de la section des Homoptères, de la famille des Gallinsectes et du genre *Coccus*. Son nom entomologique est *Coccus cacti*, Lin., et son nom vulgaire *Cochenille du Nopal* ou simplement *Cochenille*.

17. *Coccus cacti*, Lin. ♂. — Longueur, 1 mill. Il est d'un beau rouge de carmin. Les antennes sont filiformes, assez longues, formées de dix articles, avec deux longues soies transversales. Les ailes sont blanches, transparentes, assez grandes, au nombre de deux ; l'abdomen est terminé par deux longues soies caudales.

♀. Longueur, 2 mill. 1/2. Elle est globuleuse, d'un brun foncé, couverte d'une poussière blanche, plate en dessous convexe en dessus, bordée, ayant des segments assez distincts, mais s'oblitérant au temps de la ponte. L'abdomen est terminé par deux soies caudales, quatre fois plus courtes que le corps. Les ailes manquent.

La récolte de la Cochenille sauvage se fait de la même manière et à la même époque que celle de la Cochenille cultivée et l'insecte est traité par les mêmes procédés. Lorsqu'il est désséché il peut se conserver en magasin pendant très longtemps sans s'avarier pourvu qu'on le tienne dans un lieu sec.

La Cochenille du Nopal est attaquée pendant sa croissance sur les feuilles des Cactus par une larve apode qui en détruit un grand nombre. Elle les suce comme on voit chez nous les larves des diptères du genre Syrphe, sucer les pucerons sur les rosiers. Elle se change en pupe sur les feuilles et donne naissance à un diptère de la tribu des Syrphides et du genre *Baccha* appelé *Cochenillivora*, par M. Sallé, qui l'a observé et décrit.

Bacha Cochenillivora, Sal. — Longueur, 12 mill. Elle est noire et allongée; le corselet est taché de jaune sur les côtés; l'écusson est jaune en arrière, l'abdomen est rétréci à la base, brusquement élargi à l'extrémité, noir, avec un anneau jaune au commencement de la partie élagie. Les pattes sont noires à genoux et base des tibias jaunes. Les ailes sont transparentes avec la côte largement bordée de brun.

18. — Le Kermès ou Cochenille du chêne vert (1).

(LECANIUM ILICIS, Ill.).

Le Kermès (2) est une Gallinsecte qui vit sur une espèce de chêne vert, *(Quercus ilicis, Quercus coccifera)*, qui croît naturellement dans la Provence, le Languedoc, l'Espagne et les parties méridionales de l'Europe. Il ne s'élève guère à plus d'un mètre de

(1) *Réaumur*, t. IV, p. 45.

(2) L'insecte appelé du nom vulgaire de Kermès ne fait pas partie du genre *Chermes* des entomologistes modernes, mais de celui de *Lecanium* introduit par Illiger. Pour eux, les *Chermes* sont des Aphidiens ressemblant beaucoup aux Pucerons et n'ayant aucune analogie de forme avec les *Lecanium* et en particulier avec le Kermès vulgaire. Il aurait été conve-

hauteur et se trouve dans les terrains incultes dans les départements méridionaux et les îles de l'Archipel. La Gallinsecte ou le Kermès est fixé contre les branches et ressemble à une petite gousse dont la peau est assez forte et luisante, de couleur de prune recouverte d'une poussière blanche qu'on appelle la fleur. Vers le commencement de mars il est de la grosseur d'un grain de millet. Considéré au microscope, il est d'un beau rouge ayant dessus son ventre et tout autour du ventre une espèce de coton qui lui sert de nid. Il a aussi sur son dos de petits flocons de coton. Il est alors comme la moitié d'une prune. Dans les endroits du dessous du corps qui ne sont pas garnis de coton, le microscope fait voir des points qui ont le brillant de l'or. Dans le mois d'avril il a pris toute sa croissance, et est gros comme un pois. Il est cependant plus ou moins gros, selon que la saison et le terroir lui ont été favorables. Sa peau est devenue plus ferme, et le coton qui était dessus par intervalles y est partout étendue en forme de poudre. Il est alors rempli d'une liqueur rougeâtre, semblable à un sang pâle. Vers le mois de mai il n'est plus qu'une coque sous laquelle on trouve mille huit cent à deux mille petits grains ronds plus petits que la graine de pavots, qui sont des œufs, lesquels venant à éclore, donnent autant d'animaux semblables à celui d'où ils sont sortis. Vus au microscope, ils semblent parsemés d'une infinité de points couleur d'or.

Les petits qui sortent de ces œufs sont de deux couleurs ; le grand nombre est rouge ; le petit nombre rougeâtre, Le contour du corps est ovale, un peu plus pointu du côté du derrière que de la tête. Son dos est convexe et en voûte assez ronde ; des points couleur d'or brillent dessus ; il est rayé en travers et comme segmenté. Il a six pattes, deux antennes presque aussi longues que le

nable d'adopter le nom générique de *Chermes* pour tous les *Lecanium* et d'en employer un nouveau, comme celui de *Adelge* pour les *Chermes* des entomologistes modernes et de suivre la nomenclature admise par Geoffroy, Olivier, Latreille, usitée en France depuis longtemps.

corps. Il porte au derrière une queue fourchue, formée par deux soies presque aussi longues que les antennes. Les deux yeux sont petits et noirs.

Certains grains de Kermès se transforment en deux petites mouches de différentes espèces qui ont la propriété de sauter comme des puces. L'une de ces mouches est d'un noir de jayet, et l'autre d'un blanc sale.

Tels sont les détails donnés par Réaumur sur cet insecte, d'après les observations faites en 1715, par M. Emerie; sur quoi on doit faire remarquer que les deux petites mouches dont on vient de parler, ne sont pas des transformations du Kermès, mais des parasites de cet insecte; ce sont des Chalcidites du genre *Encyrtus*, à ce que je conjecture, dont les larves ont vécu dans les Gallinsectes, y ont pris tout leur développement, y ont subi leurs transformations et ont occasionné la mort de ces insectes. Réaumur ne parle pas du mâle du Kermés parce qu'il n'a pas observé lui-même cette espèce de Cochenille, et que son correspondant n'en a pas fait mention.

On a remarqué que les petits chênes verts, les plus chargés de Kermès, sont les moins vigoureux, les plus vieux et les moins élevés. Selon que l'hiver est plus ou moins doux la récolte est plus ou moins considérable. On espère qu'elle sera bonne lorsque le printemps se passe sans gelée et sans brouillards. On voit par ces observations que ce sont les arbres languissants et malades qui sont les plus chargés de ces insectes, dont l'action, en suçant la sève, augmente encore la faiblesse et hâte la mort.

Pour récolter le Kermès on se sert des ongles, avec lesquels on l'enlève dès le matin, avant que la rosée ait été évaporée par le soleil, les feuilles de l'arbuste sont alors moins raides et les piquants dont elles sont armées sont moins à craindre. C'est dans le mois de juin que l'on fait cette récolte dans l'île de Candie; on en fait quelquefois deux dans la même année. Les Kermès de la seconde sont presque tous attachés aux feuilles et ne sont jamais aussi gros que ceux de la première qui sont fixés aux branches.

On sait que le Kermès sert à teindre en cramoisi et qu'on en tirait de l'écarlate avant que la Cochenille ne fût d'un usage général. On s'en servait aussi en pharmacie en l'administrant sous la la forme de teinture, de sirop et de pulpe. Ces anciennes préparations sont abandonnées par la médecine moderne.

La Gallinsecte du chêne-vert fait partie du genre *Lecanium*. Son nom entomologique est *Lecanium ilicis*, et son nom vulgaire *Cochenille du chêne-vert* ou simplement *Kermès*.

18. *Lecanium ilicis*, Ill. — *Femelle*. Longueur, 5 mill. Elle est hémisphérique, de couleur brune, couverte de sa fleur. On ne distingue aucune trace de segments sur son corps.

mâle. — Inconnu.

—

19. — Le Cynips de la Galle à teinture.

(CYNIPS GALLÆ TINCTORIÆ, Oliv.).

On trouve dans le commerce une substance appelée *noix de galle*, qui est employée par les teinturiers pour obtenir la couleur noire et qui est produite par un petit insecte de l'ordre des Hyménoptères et du genre *Cynips*. Cet insecte ne se trouve pas en France, ni en Europe; il habite les pays orientaux et pond ses œufs sur les branches d'une espèce de chêne particulière à ces contrées appelé, *Quercus insectoria* (1). Les noix de galle que l'on achète chez les épiciers viennent de l'Asie mineure; les plus estimées sont tirées de l'Anatolie et des environs d'Alep. Elles sont sphériques, de 15 mill. de diamètre moyennement, de couleur verdâtre ou blanchâtre, ayant leur surface faiblement rugueuse, parsemée de quelques tubercules formant des mamelons saillants

(1) Selon Olivier il habite les provinces méridionales de la France et produit une galle beaucoup plus petite que celle du Levant qui n'est pas employée dans l'industrie, l'insecte lui-même est plus petit que le *Cynips gallæ tinctoriæ*.

de 1 à 2 mill. La dessication les rend extrêmement dures et le couteau ne peut les entamer. Si on les ouvre en frappant sur la lame elles se brisent et l'on voit au centre une cellule ronde de 5 mill. de diamètre, si l'insecte s'y est développé, et fort irrégulière si elle n'a pas contenu de larve, ou si celle-ci est morte très jeune, Cette cellule a une enveloppe ligneuse épaisse de 1 mill. environ, autour de laquelle se trouve une seconde enveloppe épaisse, d'apparence résineuse, excessivement dure et cassante. Cette seconde enveloppe est adhérente à la première et n'en peut être séparée. Quelquefois on trouve l'insecte parfait bien développé, mais mort et désséché dans sa cellule; c'est lorsqu'il n'a pu percer la galle pour sortir, ce qui arrive lorsque celle-ci a été cueillie trop tôt pour lui; elle s'est durcie en séchant, et ses dents ont été trop faibles pour y pratiquer une ouverture et une porte de sortie. Dans d'autres galles on trouve la chrysalide desséchée, et dans un assez grand nombre on ne trouve rien. Celles qui sont percées ont été récoltées après la sortie de l'insecte ou peu de temps avant cette sortie.

Le développement du Cynips de la galle à teinture est le même que celui des différentes espèces de Cynips, qui produisent des galles de diverses formes sur nos chênes. La femelle pique un œil de l'arbre avec sa tarière et laisse un œuf dans la blessure. Il se forme en ce point une excroissance sphérique qui renferme l'œuf dans son centre; puis ensuite une larve lorsque l'éclosion est opérée. Cette larve grandit en rongeant les parois de sa cellule et provoque l'accroissement du volume de la galle. Parvenue à toute sa taille, elle se change en chrysalide et quelque temps après en insecte parfait qui perce sa prison pour se mettre en liberté. Dans l'état naturel, les galles, au moment de l'éclosion des Cynips, ne sont pas aussi dures que celles que l'on trouve dans le commerce.

Ces galles sont composées de tannin, d'acide gallique et d'une substance jaune acide et volatile. Leur décoction précipite en noir les dissolutions des sels de fer. Elles servent dans les arts à obtenir une belle couleur noire. Bouillies ou macérées dans l'eau elles servaient à préparer l'encre pour l'écriture.

L'insecte parfait, auteur de ces excroissances, est rangé dans l'ordre des Hyménoptéres, dans la famille des Pupivores, dans la tribu des Gallicoles et dans le genre *Cynips*. Son nom entomologique est *Cynips gallæ tinctoriæ*, Oliv., et son nom vulgaire *Cynips de la noix de galle* ou *de la galle à teinture*.

19. *Cynips gallæ tinctoriæ*, Oliv. — Longeur, 7 mill. Il est d'un fauve pâle, couvert d'un duvet soyeux et blanchâtre. La tête est petite, très basse, les yeux sont bruns, les antennes sont filiformes, fauves, plus colorées à l'extrémité, de quatorze articles. L'écusson est grand, arrondi, fauve. L'abdomnen est de la longueur du thorax, de la largeur de celui-ci, arrondi en dessus, un peu caréné en dessous, de couleur fauve, attaché au corselet par un très court pédicule et marqué d'une tache noire en dessus, ne s'étendant pas jusqu'à l'extrémité. Le dessous et les pattes sont d'un fauve très pâle. Les ailes sont transparentes, amples, dépassant beaucoup l'abdomen, à nervures brunâtres. La deuxième cellule cubitale est triangulaire et petite.

Cette description se rapporte à la femelle que l'on trouve dans les galles ; le mâle est inconnu.

Les galles de nos chênes renferment les mêmes éléments que la noix de galle et pourraient être employées à faire de l'encre à écrire.

20. — Le Cynips du figuier.
(CYNIPS PSENES, Lin.)

Je voudrais bien donner des notions précises et exactes sur l'insecte ou les insectes qui produisent la caprification. L'un d'eux est désigné par Olivier, sous le nom de Cynips du figuier et par Linné, sous celui de *Cinyps psenes*. Le premier de ces entomologistes en décrit un second auquel il ne donne pas de nom. Les auteurs qui ont parlé des insectes, qui concourent à l'acte de la caprification, laissent beaucoup à désirer sous le rapport de la clarté et de la précision, et après les avoir lus, on reconnaît qu'on ne sait pas au juste quel rôle jouent ces petits animaux. Je n'ai pas été en position d'observer moi-même l'opération de la caprification et d'étudier l'influence des insectes sur la production des figues et je suis réduit à rapporter ce que ces auteurs en ont dit. Olivier, qui a fait l'article *Caprification* de *l'Encyclopédie méthodique*, donne des détails sur l'opération même, et sur les fonctions des insectes qui y concourent ; et de plus, la description de deux espèces de ces petits animaux. Un peu plus tard, il écrivait dans le Nouveau Dictionnaire d'Histoire naturelle, *article caprification*, « que la caprification n'est qu'un tribut que l'homme paye » à l'ignorance et aux préjugés ; parce qu'en France, en Italie et en » Espagne, et dans plusieurs contrées du levant, où la caprifica- » tion n'est pas connue, on y obtient des figues bonnes à manger. »

Malgré ce jugement rigoureux, on peut penser qu'un usage qui était pratiqué dans les temps les plus anciens, au rapport de Théophraste, de Plutarque et de Pline, qui s'est conservé à travers la suite des siècles et qui est encore pratiqué sur quelques points du rivage de la méditerranée, comme la Kabylie algérienne, mérite d'être étudié sérieusement et ne doit pas être rejeté avant qu'une suite d'observations bien faites n'autorisent à le déclarer inutile.

M. Westwood, dans les transactions de la Société entomologique de Londres (1), traite au long de la caprification, de son histoire, des auteurs qui en ont parlé, et décrit deux petits Chalcidites signalés par Gravenhorst, comme provenant des figues du Sycomore, le premier sous le nom de *Blastophaga sycomori*, Grav., et le deuxième sous celui de *Sycophaga crassipes*, dont il donne les figures. Ces insectes, qui appartiennent à la tribu des Chalcidites paraissent entièrement différents de ceux qui sont indiqués par Olivier, lesquels semblent être aussi des Chalcidites.

Je vais rapporter maintenant ce que les auteurs principaux ont écrit sur le sujet dont il est question dans cet article.

(1) *Trans. de la Soc. Ent. de Londres*, t. II.

La caprification est une opération pratiquée anciennement, et encore aujourd'hui dans la plupart des Iles de l'Archipel, qui consiste à employer les insectes qui ont vécu dans les figues sauvages, pour hâter la maturité de quelques variétés de figues cultivées. On s'est aperçu dès les temps les plus reculés que les insectes qui ont vécu dans les figues sauvages, introduits dans les figues cultivées, accéléraient la maturité et augmentaient la quantité de ces fruits. On avait voulu mettre ces notions à profit; et les Grecs d'autrefois faisaient sans doute ce que font encore les Grecs d'à présent. Ils plantaient les caprifiguiers ou figuiers sauvages, du côté des figuiers où le vent souffle le plus ordinairement, afin que les moucherons se répandissent plus aisément sur les figues, ou bien, ils enfilaient ces fruits sauvages et les suspendaient aux branches des figuiers ordinaires. Les figues que l'on cultive en Provence ne sont jamais attaquées par les Cynips, tandis qu'on les trouve constamment dans les graines des figuiers sauvages. Lorsque les figues sont assez grosses pour que les fleurs femelles soient bien visibles, des cynips pénètrent dans l'intérieur par l'œil et vont sur chaque semence déposer les germes qui doivent reproduire les insectes. Un mois suffit pour que les larves parviennent à leur dernière métamorphose. Le Cynips sort de chaque graine par une ouverture qui suit constamment le pistil (1).

La caprification est pratiquée de très ancienne date dans les montagnes du Djurdjura : « Qui n'a pas de *Dokar* n'a pas de figues », dit un vieux proverbe kabile. Or, le *dokar* est le fruit du figuier mâle ou caprifiguier *(ficus caprificus)*. Ce fruit petit, à saveur âcre, est une espèce hâtive, déjà mûre quand les autres sont vertes encore. On les cueille, et on les groupe en certain nombre qu'on suspend, sous forme de chapelets, aux branches des figuiers femelles. Le *Dokar* en se désséchant laisse échapper par l'œil du sommet une foule de petits insectes ailés, à corps velu,

(1) *Encyclop. méthod., Art. caprification.*

agents précieux de fécondation, qui s'introduisent dans les fruits femelles et en accroissent la qualité et l'abondance.

Le *Dokar* produit deux sortes d'insectes, des noirs et des rouges; les noirs seuls sont fécondants. Le Kabyle nous assure que « chaque insecte féconde 99 figues, et que la 100e est son tombeau. Le caprifiguier ne réussit pas également dans toute la montagne; il suit le voisinage de la mer. C'est à la figue blanche seulement que la caprification s'applique ; l'espèce violette n'en a pas besoin. Cette dernière n'est guère bonne que fraîche ; la première sert de nourriture toute l'année et se prête aux transports lointains (1).

Le figuier sauvage porte trois espèces de fruits, appelés par les Grecs *Formites, Craterites et Orni*. Les *Formites* ou *Tokar-leonel* des Maltais, que l'on peut nommer figues d'automne, paraissent dans le mois d'août et durent jusqu'en novembre sans mûrir. Il s'y engendre des petits vers produits d'œufs déposés par certains moucherons qui voltigent autour des Caprifiguiers. Dans les mois d'octobre et de novembre, ces vers, devenus moucherons, piquent d'eux-mêmes les *Cratreites* ou *Tokar-lanos* des Maltais, qui ne paraissent qu'à la fin de septembre, et qu'on peut nommer figues d'hiver. Les figues d'automne tombent peu de temps après la sortie de leurs moucherons. Les figues d'hiver, au contraire, restent sur l'arbre jusqu'au mois de mai suivant et renferment les œufs qui y ont été déposés par les moucherons des figues d'automne. Dans le mois de mai, la troisième espèce de figues, que l'on nomme *Orni* dans le Levant, et *Tokar taiept* à Malte, et que nous pouvons appeler figues printannières, commencent à paraître. Lorsqu'elles sont parvenues à une certaine grosseur et que leur œil commence à s'ouvrir, elles sont piquées à cet endroit par les moucherons qui se sont élevés dans les figues d'hiver. Dans les mois de juin ou de juillet, quand les vers qui se sont métamorphosés dans ces figues, sont prêts à sortir sous la forme de mou-

(1) *Revue des Deux-Mondes*, 1e mars 1865.

cherons, les paysans les cueillent et les portent enfilées à des brochettes sur les figuiers domestiques, qui sont alors en floraison. C'est en cela que consiste le grand travail de la caprification, car, si on attend trop tard, les figues printannières tombent, et la plus grande partie du fruit des figuiers ne fait que languir. Les paysans examinent tous les matins leurs figues sauvages et domestiques. Ils observent l'œil avec soin; car cette partie ne marque pas seulement le temps où les piqueurs doivent sortir, mais aussi celui où la figue peut-être piquée avec succès. C'est alors qu'ils transportent les figues printannières sur des figuiers domestiques, qui sont en état de les recevoir. Les moucherons qui sortent de ces figues s'accouplent et entrent par l'ombilic dans les figues domestiques qui sont alors grosses comme des noix et en fleurs; ils y déposent non seulement la poussière fécondante des étamines des figues d'où ils sortent et dont ils sont couverts, mais encore leurs œufs, et les insectes qui y éclosent donnent lieu aux figues domestiques de grossir et de mûrir (1).

Le figuier est un arbre qui s'élève à 7 ou 8 mètres; qui porte ses fruits le long de ses branches auprès de l'origine des feuilles, sans que préalablement il y ait eu des fleurs apparentes. Les fleurs existent cependant; elles sont cachées dans l'intérieur du réceptacle charnu filiforme que l'on nomme vulgairement le fruit ou la figue. Il est percé à son sommet d'une ouverture en forme d'ombilic entourée de petites écailles, disposées sur plusieurs rangs. Les fleurs sont très petites, nombreuses, monoïques, attachées à la surface interne du réceptacle. Les fleurs mâles occupent la partie supérieure de l'ombilic et sont souvent mêlées avec les femelles; elles ont un calice à trois divisions, point de corolle, un ovaire, un style à deux stigmates. Les fleurs femelles ont un calice à cinq divisions, point de corolle, un ovaire, un style à deux stigmates. Les fleurs des deux sexes sont portées sur un court pédoncule. Les semences sont oblongues, comprimées, lenticulaires.

(1) *Valmont de Bomare, art. Figuier.*

On voit dans les caractères du genre figuier qu'il y a des fleurettes mâles et des fleurettes femelles sur le même individu, ou sur des individus différents. On conçoit alors que les moucherons sortant d'une figue mâle chargés de la poussière des étamines et entrant dans une figue femelle, en fécondent les graines par leur contact avec les pistils des ovaires, et puissent augmenter le volume des fruits et les faire mûrir.

Après avoir rapporté les procédés de la caprification il faut maintenant passer à la description des insectes que produit le caprifiguier. C'est Olivier qui nous la fournit dans l'*Encyclopédie méthodique*. Le premier est le *Cynips psenes*.

20. *Cynips psenes*, Lin. — Il a environ 2 mill. de longueur. Les antennes sont noires, coudées, composées de onze articles, dont le premier est cylindrique et les autres grenus. Tout le corps est d'un noir brillant. Les pattes sont d'un brun-noir ; les ailes sont transparentes, sans taches, les supérieures sont une fois aussi longues que les inférieures.

Femelle. — Elle a son abdomen terminé par un aiguillon caché entre deux lames qui sert à piquer la graine, où l'œuf doit être déposé.

La larve qui le produit est blanche et n'a point de pattes ; son corps est composé de douze anneaux. Elle se nourrit dans l'intérieur des graines de la figue. Un mois lui suffit pour parvenir à sa dernière métamorphose. Le Cynips sort de chaque graine par une ouverture qui suit constamment le pistil.

Olivier n'a pas donné de nom à la seconde espèce d'insecte qu'il décrit ainsi :

« Il a environ 2 mill. de longueur. Les antennes sont noires, grenues, avec le premier article allongé, cylindrique, fauve. Tout le corps est fauve. Les pattes sont de la couleur du corps, avec l'extrémité des tarses noire. La tête est ornée de deux grands yeux à réseaux noirs, et de trois petits yeux lisses. L'aiguillon qui termine l'abdomen est une fois plus long que l'insecte. Les ailes sont transparentes, sans taches.

Les deux insectes que l'on vient de décrire sont probablement les petites mouches noires et rouges dont on a parlé plus haut.

Il est important de faire observer ici que les insectes placés dans le genre *Cynips*, par Olivier, font partie de la tribu des Chalcidites des entomologistes modernes, et que tous les Chalcidites sont des parasites. Ainsi le *Cynips psenes* est un Chalcidite dont la larve a vécu dans le corps de la larve qui se nourrit des graines de la figue. Il en est de même du deuxième insecte sorti des figues sauvages : c'est un second parasite de la même larve.

Il résulte de ce qui précède qu'on ne connaît pas encore l'insecte qui est le légitime habitant des graines de figues et qu'on n'a signalé que ses parasites. De nouvelles observations sont nécessaires pour éclairer le phénomène de la caprification et pour faire connaître les insectes qui y concourent et le rôle véritable qu'ils y jouent.

Il en résulte encore que les deux Chalcidites décrits par Olivier sont différents de ceux qui sortent des figues du Sycomore, dont la description est donnée par M. Westwood.

Blastophaga Sycomori, Grav. — Couleur de poix, partie antérieure de la tête et base des antennes roussâtres ; extrémité de ces dernières brune ; pattes jaunes ; ailes limpides.

Sycophaga crassipes, Grav. — Noir de poix ; thorax déprimé, d'un faible éclat bronzé ; pattes fortes, un peu roussâtres, avec le dessus des cuisses obscur ; oviducte fauve, ayant son fourreau d'un jaune pâle, à extrémité noire, velu. Antennes d'un noir de poix.

On doit encore remarquer que dans plusieurs pays, même en France, on imite grossièrement le procédé de la caprification, en piquant les figues dans l'œil avec une épingle trempée dans l'huile, dans le but d'accélérer la maturité et que l'on croit cette opération efficace.

—

21. — L'Abeille domestique.

(APIS MELLIFICA, Lin.).

L'Abeille, appelée vulgairement Mouche à miel, est un animal à à peu près domestique, puisqu'elle se plaît dans le voisinage de l'homme, qu'elle reçoit un logement de ses mains, qu'elle accepte ses soins, qu'elle se familiarise, pour ainsi dire avec son maître au bout de peu de temps, et ne cherche pas à le blesser, à moins qu'il ne la provoque. Elle nous est très utile par le miel et la cire qu'elle fabrique, et que nous savons lui enlever pour les employer à notre usage. Ces matières ont un peu perdu de leur importance depuis la découverte du sucre, qui remplace le miel dans beaucoup de circonstances et par la stéarine qui peut être substituée à la cire, mais elles conservent encore une grande valeur et ne peuvent être suppléées dans beaucoup d'occasions où elles sont indispensables.

L'Abeille est connue dès la plus haute antiquité et, probablement dès les temps fabuleux, les hommes à demi sauvages dépouillaient son habitation du produit de son travail. Les anciens Egyptiens savaient aussi l'élever, et elle était chez eux l'emblème de la royauté. Moïse parle du miel que l'on devait offrir sur l'autel des sacrifices, mais qui ne devait pas être brûlé ; enfin, les Grecs des premiers âges, ainsi que les Romains la cultivaient avec profit. Un grand nombre d'auteurs ont écrit sur elle et nous ont transmis ce qu'ils ont observé de ses mœurs ou ce qu'ils ont appris par le témoignage des autres. Chez les anciens, Aristote et Pline ont ébauché son histoire qui a été complétée dans le XVIIIe siècle, par les observations de Réaumur et de Huber. Je la rapporterai succinctement d'après Latreille, Le Peletier de Saint-Fargeau et d'autres entomologistes.

L'Abeille est un insecte sociable, créé et organisé pour vivre en société et ne pouvant exister isolément. La société des Abeilles est composée : 1° d'ouvrières dont le nombre est ordinairement de

15 à 20,000, quelquefois 30,000 ; 2° d'environ 6 à 800 mâles (1,000 et au-delà dans certaines ruches) appelés Bourdons par les cultivateurs et faux-Bourdons par Réaumur, et communément d'une seule femelle, dont les anciens faisaient un roi ou chef de la population, et que les modernes désignent sous le nom de reine. La population dépend de la grandeur de l'habitation, elle est plus considérable dans une grande ruche que dans une petite. Les ouvrières sont d'une taille moindre que les autres individus ; elles ont les antennes formées de douze articles, l'abdomen composé de six anneaux. Le premier article des tarses postérieures, où la *pièce carrée* est dilaté en forme d'oreillette pointue, à l'angle extérieur de leur base, couvert à sa face interne d'un duvet soyeux, court, fin, serré, appelé la *brosse ;* et elles sont armées d'un aiguillon caché dans leur abdomen. La femelle présente les mêmes caractères, mais les ouvrières ont l'abdomen plus court : leurs mandibules sont en forme de cuillère et sans dentelures. Leurs pattes postérieures ont sur le côté externe de leurs jambes cet enfoncement uni et bordé de poils qu'on a nommé *corbeille ;* la brosse soyeuse du premier article des tarses des mêmes pattes, à sept ou huit stries transversales. Les mâles et les femelles sont plus grands que les ouvrières ; leurs mandibules sont échancrées sous la pointe, et velues ; leur trompe est plus courte, surtout chez les mâles. Ceux-ci diffèrent des ouvrières et des femelles par leurs antennes de treize articles, par leur tête plus arrondie, avec les yeux plus grands, allongés et réunis au sommet, par leurs mandibules plus petites et plus velues, par le défaut d'aiguillon, par les quatre pattes antérieures plus courtes dont les deux premières arquées, enfin par leur pièce carrée qui n'a ni oreillette ni brosse soyeuse. Leurs organes sexuels se présentent sous la forme de deux cornes en partie d'un jaune-rougeâtre accompagnées d'un pénis terminé en palette et de quelques autres pièces. Si on fait sortir de force ces organes, l'animal périt sur-le-champ.

Les organes à l'aide desquels l'Abeille prend sa nouriture et récolte le miel sont assez compliqués. Ils se composent de deux mandibules cornées, d'une lèvre supérieure ou labre de même consistance et d'une trompe notablement longue, coudée près de la base et repliée sous le corselet dans le repos, mais qui se relève et se porte en avant dans l'action. Cette trompe est un peu déprimée et diminue un peu de grosseur de la base à l'extrémité. Elle est composée de deux lames minces, étroites, écailleuses, terminées en pointe, aussi longues qu'elle, qui étant réunies, forment un demi fourreau supérieur qui recouvre la langue, longue, presque filiforme, écailleuse, terminée par un bouton et velue à sa surface, surtout vers l'extrémité. Deux autres lames cartilagineuses, étroites, allongées, partant du coude de la langue, terminées en pointe à leur extrémité à laquelle est attaché un petit filet de trois articles, rejeté sur le côté, s'appliquant contre la langue, une de chaque côté. Ainsi la langue est protégée par les deux lames cartilagineuses, que l'on appèle palpes, appliquées contre elle, et elle est recouverte en dessus par les deux lames écailleuses que l'on appèle mâchoires, quoiqu'elles ne servent en rien à la mastication. Dans le repos la langue ne dépasse pas sa gaîne; dans l'action elle s'allonge au-delà. Lorsque l'Abeille veut récolter du miel, elle introduit sa langue dans une fleur, elle la lèche et la charge de tout le suc mielleux qu'elle contient et le fait remonter jusqu'à la base de la trompe où se trouve l'ouverture de l'œsophage, à l'aide des contractions qu'elle donne aux différentes pièces de sa trompe.

L'abeille ouvrière ainsi que la reine est armée d'un aiguillon caché dans son corps, qu'elle fait sortir par l'anus en le dardant vivement à plusieurs reprises. Cet aiguillon pénètre dans la peau et verse dans la blessure une gouttelette de venin, qui occasionne une vive douleur et produit une enflure et une inflammation plus ou moins considérables. Le venin est fourni par une vésicule située à la base de l'aiguillon. Ce dernier n'est pas simple comme il parait à la première vue. Il est formé de trois pièces, deux soies écailleuses, fines comme un cheveu, barbelées au bout, logées dans une rainure pratiquée dans la troisième qui leur sert de fourreau.

Une ouverture assez grande, placée à la base supérieure de la trompe, au-dessous du labre et fermée par une pièce triangulaire, nommée l'*épipharynx* ou l'*épiglosse*, sert de passage aux aliments et conduit à un œsophage délié traversant l'intérieur du thorax, et de là à l'estomac antérieur ou plutôt au jabot placé dans l'abdomen qui renferme le miel. L'estomac suivant, placé aussi dans l'abdomen, contient le pollen des étamines et a des rides annulaires transverses, en forme de cerceau à sa surface, ce qui lui donne la faculté de renvoyer à la bouche les substances qu'il contient. La cavité abdominale renferme en outre, dans les femelles, deux grands ovaires, composés d'une multitude de petits sacs, contenant chacun seize ou dix-sept œufs. Chaque ovaire aboutit à l'anus, près duquel il se dilate en une poche où l'œuf s'arrête et reçoit une humeur visqueuse, fournie par une glande voisine. D'après les observations de Huber fils, les demi-arceaux inférieurs de l'abdomen, à l'exception du premier et du dernier, ont chacun sur leur face interne deux poches où la cire se secrète et se moule en forme de lames qui effluent ensuite par les intervalles des anneaux. Au-dessous de ces poches est une membrane particulière, formée d'un réseau très petit à mailles hexagonales s'unissant à la membrane qui revêt les parois de la cavité abdominale.

Huber et d'autres observateurs distinguent deux sortes d'Abeilles ouvrières ; les premières, qu'ils nomment *Cirières*, sont chargées de la récolte des vivres, de celle de tous les matériaux de construction et de leur emploi ; les secondes, ou les *nourrices*, plus petites et plus faibles, sont faites pour la retraite et toutes leurs fonctions se réduisent presque à l'éducation des petits et aux soins intérieurs du ménage. D'autres observateurs n'admettent pas cette distinction et pensent que toutes les ouvrières peuvent remplir ces diverses fonctions.

Nous avons vu que les Abeilles ouvrières ressemblent aux femelles en plusieurs points. Des expériences curieuses ont prouvé qu'elles sont de même sexe et qu'elles peuvent devenir mères, si étant sous la forme de larves, dans les trois premiers jours de leur naissance, elles reçoivent une nourriture particulière, celle qui est fournie aux larves des reines. Mais elles ne peuvent acquérir toutes les facultés de ces dernières, qu'étant alors placées dans une loge plus grande, semblable à celle de la larve femelle propre, la cellule royale. Si étant nourries de cette manière, leur demeure reste la même, elle ne peuvent donner naissance qu'à des mâles et diffèrent en outre des femelles par leur taille plus petite. Les Abeilles ouvrières ne sont donc que des femelles dont les ovaires, à raison de la nature des aliments qu'elles ont pris en état de larves, n'ont pu se développer.

La matière qui compose leurs gâteaux ne pouvant résister aux intempéries de l'air; ces insectes, n'ayant pas d'ailleurs l'instinct de se construire un nid ou une enveloppe générale, ils ne peuvent s'établir que dans les cavités où leur ouvrage trouve un abri naturel. Les ouvrières chargées du travail font avec la cire ces lames composées de deux rangs opposés, de cellules hexagones à base pyramidale et formée de trois rhombes. Ces cellules ont reçu le nom d'*alvéoles* et chaque lame, celui de *gateau* ou de *rayon*. Ils sont toujours perpendiculaires, c'est-à-dire verticaux et parallèles, fixés par leur sommet ou par l'une de leurs tranches et séparés entr'eux par des espaces qui permettent le passage à ces insectes. L'épaisseur régulière des gâteaux est de 2 1/2 centimètres, et l'espace qui les sépare de 10 mill. La direction des alvéoles est horizontale. D'habiles géomètres ont fait voir que leur forme est à la fois la plus économique sous le rapport de la dépense de la cire et la plus avantageuse, quant à l'étendue de l'espace renfermé dans chaque alvéole. La profondeur des alvéoles des ouvrières est de 12 mill., et leur diamètre, de 5 mill. 2/10. Dans un décimètre carré il y en a 427 de chaque côté ou 858 en tout. Les cellules des mâles sont un peu plus grandes; elles ont 15 mill. de profondeur sur 6 mill. 6/10 de diamètre, et un décimètre carré n'en contient que 265 de chaque côté et 530 en tout.

Les abeilles savent modifier cette forme régulière de leurs alvéoles lorsque les circonstances le commandent. Elles en taillent et en ajustent les pans pièce à pièce. Si on excepte l'alvéole propre à la larve et à la nymphe de la femelle, ces cellules sont presque égales et renferment, les unes le couvain et les autres le miel et le pollen des fleurs. Parmi les cellules à miel, les unes sont ouvertes et les autres, où celles de la réserve, sont fermées d'un couvercle plat ou peu bombé. Les cellules royales, dont le nombre varie de deux à vingt, sont beaucoup plus grandes, presque cylindriques, un peu moins grosses au bout, et ont de petites cavités à leur surface extérieure; leur profondeur varie et leur diamètre est d'environ 8 millim. 1/2. Elles pendent ordinairement en manière de stalactites au bord des gâteaux, de façon que la larve s'y trouve dans une situation renversée. Il y en a qui pèsent autant que cent-cinquante cellules ordinaires. Les cellules des mâles, mitoyennes entre celles des femelles et des ouvrières, sont placées çà et là. Les Abeilles travaillent toujours en descendant, et prolongent leurs gâteaux de haut en bas. Elles calfeutrent les petites ouvertures de leur habitation avec un espèce de mastic qu'elles récoltent sur différents arbres et qu'on nomme la *propolis*.

L'accouplement d'une jeune femelle se fait au commencement de l'été, hors de la ruche, et suivant Huber, cette femelle rentre dans son habitation en portant à l'extrémité de son abdomen les parties sexuelles du mâle. Cette seule fécondation vivifie, à ce que l'on croit, les œufs qu'elle peut pondre dans l'espace de deux ans, et peut-être même pendant sa vie entière. Les pontes se succèdent rapidement et ne cessent qu'en automne. Réaumur évalue à 12,000 le nombre des œufs qu'une femelle pond dans vingt jours. Guidé par son instinct elle ne se méprend point sur le choix des alvéoles qui leur sont propres. Quelquefois cependant, comme lorsqu'il n'y a pas une quantité suffisante d'alvéoles, elle met plusieurs œufs dans la même. Les ouvrières en font ensuite le triage. Ceux qu'elle produit au retour de la belle saison sont tous des œufs d'ouvrières qui éclosent au bout de quatre à cinq jours. Les

Abeilles ont soin de donner aux larves la pâtée nécessaire, proportionnée à leur âge, et sur laquelle elles se tiennent le corps courbé en arc. Six ou sept jours après leur naissance, elles se préparent à subir leur métamorphose. Enfermées dans leurs cellules par les ouvrières qui en ont bouché l'ouverture avec un couvercle bombé, elles tapissent les parois de leur demeure d'une toile de soie, se filent une sorte de coque, deviennent nymphes, et au bout de douze jours environ de réclusion, se dégagent et se montrent sous la forme d'Abeilles. Les ouvrières nettoyent aussitôt leurs loges afin qu'elles soient propres à recevoir un nouvel œuf. Mais il n'en est pas ainsi des cellules royales; elles sont détruites et les Abeilles en construisent d'autres s'il est nécessaire. Les œufs contenant les mâles sont pondus deux mois plus tard, et ceux des femelles bientôt après ceux-ci.

Cette succession de générations forme autant de sociétés particulières, susceptibles de fonder de nouvelles colonies que l'on connaît sous le nom d'essaim. Une ruche en donne quelquefois quatre; mais les derniers sont toujours faibles. Ceux qui pèsent trois à quatre kilog. sont les meilleurs. Trop resserrés dans leur habitation, ces essaims quittent souvent leur mère-patrie. Quelques signes particuliers annoncent au cultivateur la perte dont il est menacé et il tâche de la prévenir ou de faire tourner à son avantage l'émigration.

Les Abeilles se livrent quelquefois entr'elles de violents combats. A une époque où les mâles deviennent inutiles, les femelles ayant été fécondées (du mois de juin à celui d'août), les ouvrières les mettent à mort et le carnage s'étend jusqu'aux larves et aux nymphes de ce sexe.

L'époque de l'essaimage des ruches n'est pas fixe; elle varie selon le plus ou le moins de chaleur du printemps et l'abondance de la population après l'hiver. On ne voit pas d'essaim sous notre climat avant le 15 mai, et il n'en paraît guère après le 20 juin ou la Saint-Jean. C'est pendant ce temps qu'on doit particulièrement surveiller les ruches. On reconnaît qu'une ruche va prochainement essaimer à l'abondance de la population, qui se tient en masse pressée autour de l'entrée, au tumulte de l'intérieur qui s'annonce par un bourdonnement beaucoup plus fort que d'ordinaire, bourdonnement entremêlé de piaulement et par le repos des ouvrières qui ne vont pas à la campagne. Un temps calme et serein avec un beau soleil, ou un temps chaud et lourd, qui cependant ne menace pas de pluie est choisi par l'essaim pour son départ. Il est conduit par la vieille reine, selon Huber, et par une reine nouvellement éclose, selon l'opinion de Réaumur, qui n'a pas prévalu. Après avoir tourbillonné un instant au dessus de la ruche, il se pose sur une branche d'arbre qu'il trouve à sa portée ou sur un mur. Toutes les Abeilles sont réunies en masse et pendent en forme de grappe; c'est pourquoi il est indispensable de planter de petits arbres dans le voisinage d'un rucher, pour que les Abeilles se rendent sur un rameau où l'on pourra facilement s'en emparer. On a eu soin de préparer une ruche très propre dont on frotte l'intérieur avec des plantes odorantes comme la sauge, la lavande, la mélisse trempée dans du miel ou de l'eau fortement miellée, et on présente cette ruche renversée sous l'essaim, le plus près possible. On donne une forte secousse à la branche et les Abeilles tombent dans la ruche que l'on retourne et place sur un drap étendu à terre à proximité. Les Abeilles qui ne sont pas tombées dans leur nouvelle habitation et celles qui voltigeaient autour de l'essaim vont bientôt rejoindre leurs compagnes. Le soir ou le lendemain matin on transporte la nouvelle ruche enveloppée dans le drap sur le tablier qui lui est destiné et on retire le drap.

La nouvelle société se met aussitôt au travail. Les ouvrières vont à la campagne pour récolter du miel et du pollen et de la propolis. Elles commencent par boucher les fissures de leur habitation et par la vernir à l'intérieur en y étendant une couche de cette matière et elles commencent à construire un rayon à la partie supérieure de la ruche. Elles trouvent la propolis sur les boutons des branches du peuplier et du saule; elles la ramassent avec leurs mandibules et en font de petites boulettes qu'elles placent dans chacune des corbeilles de leurs jambes postérieures. Elles ramassent le pollen des fleurs en se roulant dans les corolles, en chargeant de cette poussière leur corps couvert de poils ; puis en se brossant avec leurs tarses postérieurs et avec les autres tarses elles en font des boulettes qu'elles déposent dans leurs corbeilles. Quant au miel elles l'avalent et le gardent en dépôt dans leur premier estomac. Ces récoltes faites elles les rapportent à la ruche. La cire transsude sous les anneaux du ventre sous forme de lames très minces ou de simples aiguilles. L'abeille la retire avec sa patte postérieure, dont la palette ou pièce carrée forme pince avec l'extrémité du tibia ; elle la porte à sa bouche, la mâche, la met en boulette, et l'emploie ainsi préparée à la construction des cellules et à ses autres travaux. C'est avec ses mandibules qu'elle polit son ouvrage, et avec les mêmes instruments qu'elle étend la propolis.

Il est à remarquer que s'il se trouve deux femelles dans l'essaim elles se cherchent dès qu'elles sont dans la ruche et se battent jusqu'à ce que l'une ait tué l'autre en la perçant de son aiguillon. Il en est de même dans la ruche mère. Si pendant le temps de l'essaimage et le désordre qui se met alors dans l'habitation, plusieurs femelles, trompant la surveillance de leurs gardiennes, sortent de leurs cellules, elles se cherchent, se battent et se tuent, jusqu'à ce qu'il n'en reste plus qu'une dans la ruche.

Tandis que les premiers travaux s'entreprennent, la femelle ou reine sort de sa ruche par une belle journée et s'envole dans l'espace, s'accouple avec le mâle qu'elle rencontre dans sa promenade ; elle rentre ensuite dans la ruche pour n'en plus sortir, à moins qu'elle n'ait un essaim à conduire et à fonder une nouvelle colonie. Elle se met bientôt à pondre et les ouvrières redoublent d'activité pour lui construire des cellules destinées à recevoir les œufs qu'elle répand si abondamment. Il est à remarquer que pendant les dix et onze premiers mois de sa vie, elle ne pond que des œufs d'ouvrières. Pendant cette opération elle est suivie de quelques ouvrières qui la soignent, la brossent et lui présentent du miel au bout de leur trompe et la nourrissent abondamment. Dès qu'un œuf est éclos, une Abeille vient dégorger au fond de la cellule de la bouillie formée de miel et de pollen digéré pour la nourriture de la petite larve qui se tient couchée en rond sur sa provision laquelle est renouvelée à mesure de la consommation jusqu'à ce qu'elle ait pris toute sa croissance.

Cette larve est un ver blanc, mou, apode, sub-cylindrique, un peu atténué aux deux extrémités, formé de treize segments, sans compter la tête, qui est blanche et présente un labre, deux mâchoires serrées contre la bouche et difficiles à distinguer ; une lèvre accompagnée d'une petite pointe de chaque côté ; on y voit aussi deux petits points oculaires. On distingue neuf stigmates de chaque côté, le vaisseau dorsal d'un blanc jaunâtre et des vaisseaux trachéens qui paraissent à travers la peau. Cette larve se redresse en grandissant et remonte vers l'entrée de la cellule qui est fermée par un couvercle de cire bombé, construit par les ouvrières dès qu'elle n'a plus besoin de manger. Elle tapisse alors sa cellule d'une fine toile de soie et se file un cocon ouvert à l'extrémité postérieure dans lequel elle se change en chrysalide et ensuite en insecte parfait.

Les Abeilles ne récoltent pas seulement du miel et du pollen pour la nourriture journalière de la reine, des mâles et des larves; elles en déposent encore dans des alvéoles où ces matières sont conservées pour les besoins de la société pendant l'hiver et pendant les mauvais jours où elles ne peuvent aller aux champs. C'est une portion de cet approvisionnement qu'on leur enlève lorsqu'on fait la récolte du miel. Cette opération n'a pas d'époque bien fixée: elle paraît subordonnée à la flore locale et aux circonstances atmosphériques. Dans certaines localités on la pratique au mois de mars. Dans ce cas on ne craint pas beaucoup d'affamer les Abeilles car la saison des fleurs commence et elles trouvent de la nourriture dans la campagne. Dans d'autres localités ont fait la récolte en août où en septembre, et alors les Abeilles ont encore le temps de ramasser du miel pour remplacer celui qu'on leur a enlevé.

Dans d'autres pays c'est à la fin de mai, ou bien en juin ou en juillet. Mais quelle que soit l'époque, on doit mettre le plus grand soin à ne prendre que les rayons dont les cellules sont fermées par un couvercle plat, lesquels sont remplis de miel et à ménager les gâteaux dont les cellules sont bouchées avec des couvercles bombés, parce qu'ils renferment du couvain, c'est-à-dire des larves ou des nymphes. La manière d'opérer le dépouillement dépend de la forme de la ruche.

Les Abeilles ne sont nullement difficiles dans le choix de leur habitation et se plaisent dans celle qu'on leur présente, quelles qu'en soient la forme et la matière. On donne aux ruches la forme d'une cloche construite en cordons de paille ou tressée en osier ou en clématite. Dans ce dernier cas, on les enduit à l'extérieur avec un mortier de chaux, de cendre et de bouses de vache, appelé *pourget*, qui empêche l'air d'y pénétrer et les tient plus chaudes. Celles en paille paraissent préférables. On leur donne de 30 à 35 centim. de diamètre sur 40 centim. de hauteur. Ces ruches sont appelées paniers dans beaucoup de localités. Les ruches construites en planches ont la forme carrée, elles sont un peu plus hautes que larges et à peu près des dimensions précédentes. Ces ruches simples sont défectueuses et manquent des propriétés que l'on doit rechercher dans ce genre de construction, qui sont de visiter facilement les Abeilles ; de faire facilement la récolte du miel et de la cire ; de transvaser sans difficulté les Abeilles d'une ruche dans une autre et de pouvoir faire des essaims artificiels. Tous ces avantages se trouvent réunis dans les ruches perfectionnées à hausses ou à compartiments verticaux, ou à cadres verticaux qui sont d'un prix plus ou moins élevé. On remédie un peu aux inconvénients que présente la ruche en cloche en coupant sa partie supérieure pour la convertir en une sorte de calotte appelée *capot, cabochon,* que l'on replace sur le corps de ruche ; en sorte que le panier est composé de deux parties, le corps de ruche fermé à sa partie supérieure par un plancher percé d'un trou au centre, et du cabochon placé sur le plancher et fixé à demeure d'une manière quelconque. Cette disposition permet d'enlever le cabochon lorsqu'il est rempli de miel très pur, contenu dans des gâteaux de cire très blanche sans déranger les Abeilles. On le remplace par un autre cabochon que les Abeilles remplissent de nouveau.

L'opération par laquelle on enlève aux Abeilles une partie de leurs provisions s'appelle en Bourgogne *châtrer* les mouches. Pour l'exécuter, le châtreur se couvre du camail et des gants pour éviter les piqûres et il introduit quelques bouffées de fumée par la porte de la ruche : il la décole de dessus son tablier et la soulève au moyen d'une petite cale, et l'enfume de nouveau pour mettre les Abeilles en état de bruissement. Il la transporte ensuite à la place désignée où sont les ustensiles et la renverse à ciel ouvert. Après avoir reconnu la partie occupée par le miel, il place une tuile creuse sur l'autre partie où se trouve le couvain et il continue à lancer de la fumée aux Abeilles en frappant sur la ruche. La fumée et les coups forcent les Abeilles à se réfugier sous la tuile. Il enlève alors, en les détachant avec un couteau courbe, les rayons remplis de miel, et il coupe aussi les gâteaux de vieille cire noire. Il nettoye en même temps la ruche de la moisissure, s'il y en a, sur l'extrémité des gâteaux et des galeries des teignes, s'il en existe ; après quoi, il remet les Abeilles dans la ruche et la replace sur son tablier.

Les Abeilles ont de nombreux ennemis, au nombre desquels on doit compter le Rat et le Mulot, qui s'introduisent dans les ruches et mangent le miel, la cire et les Abeilles ; l'hirondelle, le pivert, la mésange et le moineau, qui prennent les Abeilles dans la campagne ou près du rucher, pour leur nourriture et celle de leur petits ; les lézards qui happent ces insectes à leur sortie de la ruche ; les demoiselles qui les prennent au vol ; le philanthe apivore qui les blesse avec son aiguillon et les transporte dans son nid pour la nourriture de ses larves ; l'araignée citron, qui s'en empare sur les fleurs ; les fourmis, qui pillent le miel ; les guêpes commune, germanique, et le frêlon, qui saisissent les Abeilles dans les champs et les tuent pour les manger et qui pillent les ruches quant elles peuvent y pénétrer. Les fausses-teignes *(Galleria cerella et alvearia)* qui s'établissent dans les ruches, et les *Clerus apiarius et aveolarius,* dont les larves dévorent la cire et les larves des mouches dans leurs cellules. Il est parlé de tous les insectes nuisibles aux Abeilles dans le petit traité des *Insectes nuisibles à l'homme, aux animaux domestiques,* etc, que nous avons publié.

Les Abeilles sont sujettes à plusieurs maladies, au nombre desquelles se trouvent :

La *Dyssenterie,* dont elles sont atteintes lorsque l'air de la ruche est altéré par l'humidité ou toute autre cause, et qu'elles sont retenues dans la ruche par le mauvais temps. Leurs déjections sont noires et gluantes, larges comme des lentilles. Dans ce cas on doit renouveler l'air de la ruche en la renversant, et la nettoyer ainsi que le tablier; puis, après l'avoir replacée, on donne aux Abeilles un peu de bon miel chaud. Cette maladie n'atteint que les ruches faibles.

La *Constipation* survient aux mois de mars et d'avril, lorsque la température baisse brusquement et passe de 14 à 15° au-dessus de zéro à 3 ou 4° au-dessous, et que cet abaissement se fait sentir dans la ruche, soit parce qu'elle est mal close ou qu'elle est peu peuplée. Les Abeilles mangent alors beaucoup de miel et ne peuvent rendre leurs excréments, ce qui les fait mourir. Elles ne veulent pas prendre la nourriture qu'on leur présente et ne peuvent être traitées.

La *Pourriture* ou *Loque* est une maladie qui atteint d'abord le couvain qui meurt dans les alvéoles, s'y putréfie, répand une odeur infecte et fait périr les Abeilles. Cette infection arrive lorsque la température est douce au sortir de l'hiver, que la femelle pond beaucoup d'œufs et qu'il survient un froid et un mauvais temps qui empêchent les ouvrières d'aller à la récolte.

Les maladies en général n'atteignent que les ruches faibles et mal approvisionnées.

Un rucher doit être exposé au midi ou au sud-est, à l'abri grands vents et un peu éloigné du bruit et des allées et venues des gens du voisinage. On place les ruches sur une tablette en pierres ou en madriers en les éloignant les uns des autres d'un mètre. On les établit en plein air en couvrant chacune d'un surtout en paille descendant jusqu'au tablier sans le toucher et laissant libre l'entrée pour le passage des Abeilles. On doit planter à proximité des petits arbres comme des pommiers nains et des quenouilles de poirier. On doit aussi y cultiver des plantes qu'elles aiment, telles que la sauge, la lavande, le thym, la mélisse, l'origan, etc. Il convient aussi de mettre de l'eau à leur portée sur laquelle on laisse flotter des petites branches pour qu'elles ne s'y noyent pas.

Les Abeilles vont chercher leur nourriture fort loin dans la campagne et dans les bois, jusqu'à un où deux kilomètres de leur rucher; il en est de même pour l'eau. Une contrée circonscrite, comme une lieue carrée, ne peut nourrir qu'un certain nombre de ruches, selon l'abondance des fleurs qu'elle produit. Ce nombre augmente ou diminue chaque année, selon l'état de la végétation. Lorsqu'un rucher a pris, pour ainsi dire, possession d'un canton, il empêche la formation d'autres ruchers dans le même canton; on dirait que les Abeilles en chassent les étrangères qui veulent s'y introduire.

Pour cultiver les Abeilles avec succès et profit, il faut consulter un bon traité d'apiculture dans lequel on trouvera une multitude de détails dans lesquels je n'ai pu entrer (1).

Il existe en Europe et même en France deux espèces d'Abeilles domestiques qu'il convient de décrire entomologiquement. Ces insectes font partie de la famille des Hyménoptères, de la tribu des Apiaires et du genre *Apis*. La plus commune en France est l'*Apis*

(1) *Guide de l'apiculteur*, par Debeauvoys, 1847. — *Cours pratique d'apiculture*, par Hamet, 1861.

mellifica, Lin., appelée vulgairement *Abeille* ou *Mouche à miel.* La seconde, beaucoup plus répandue en Italie que partout ailleurs, est l'*Apis ligustica,* Lat., ou l'*Abeille ligurienne.*

21. — *Apis mellifica,* Lin. — *Femelle.* Longueur, 15 mill. Elle est d'un brun-noirâtre avec des poils d'un cendré-roussâtre, plus nombreux sur le corselet. Le dessous des antennes est d'un brun-roussâtre. L'abdomen est allongé, conique, noir, dépassant les ailes, d'un roux-brun, assez velu en-dessous, ayant en-dessus quelques poils cendrés plus nombreux à la base des deuxième, troisième, et quatrième segments. Les pattes antérieures sont noires à poils cendrés et tarses roux; les moyennes sont noires avec l'extrémité des jambes et les tarses roux ; les postérieures sont rousses avec les cuisses noires et les jambes brunes. Les ailes sont hyalines à nervures brunes, et les supérieures sont pourvues d'une cellule radiale, resserrée, fort longue et de quatre cellules cubitales dont la deuxième est très rétrécie vers la radicale et reçoit la première récurrente; la troisième est étroite, et oblique recevant la deuxième nervure récurrente; la quatrième n'atteint pas le bout de l'aile.

Ouvrière. — Longueur, 14 mill. Elle est semblable à la femelle, mais le bout du dernier article des antennes est d'un brun-roux ; la base des deuxième, troisième et quatrième segments de l'abdomen porte une bande étroite de poils cendrés Les pattes sont noires, et les poils des jambes ainsi que les tarses sont roux. Les ailes dépassent un peu l'abdomen.

Mâle. — Longueur, 14 mill. Il est semblable à la femelle, mais les antennes sont entièrement noires. Les cinquième et sixième segments de l'abdomen sont bien garnis de poils noirs; celui-ci est subcylindrique, obtus, et les ailes le dépassent un peu.

L'Abeille ligurienne a été transportée en France et en Allemagne où ses colonies réussissent très bien. On la gouverne de la même manière que l'Abeille à miel.

Apis ligustica, Lat. — *Femelle.* Les antennes sont brunes, a premier article testacé en devant. La tête est noire à poils cendrés. L'abdomen dépasse les ailes ; il est allongé, conique, à poils cendrés, avec les quatre premiers segments d'un rouge ferrugineux, et le bord postérieur noir ; le cinquième et l'anus sont noirs. Les pattes sont d'un testacé brun, à poils cendrés, et les ailes sont transparentes.

Ouvrière. — Les antennes sont noires à premier article roux, au milieu ; le bout du dernier article est brun. L'abdomen est plus court que chez la femelle, et les trois premiers segments sont d'un roux-brun ; le quatrième et les suivants sont noirs. Les ailes sont de la longueur de l'abdomen.

Mâle. — Les pattes et les antennes sont noires. Il est semblable à la femelle.

On cultive en Egypte une espèce particulière à laquelle on donne les mêmes soins que nous portons à notre *Apis mellifica.* Elle habite aussi la Syrie et la Judée. Il est très vraisemblable que c'est celle que l'on voit sculptée sur les monuments des anciens Egyptiens, et en même temps celle dont il est fait mention dans la Bible. Elle porte le nom d'*Apis fasciata,* Lat.

Apis fasciata, Lat. — *Ouvrière.* Elle est d'un brun-noirâtre. Elle porte du duvet d'un gris-jaunâtre, sur le sommet de la tête, sur le corselet et sur la base des segments de l'abdomen. L'écusson, les premier et deuxième segments et la base du troisième sont rougeâtres ; l'extrémité de ce dernier et les suivants sont d'un gris-cendré. Le bord postérieur de tous est d'un brun-foncé. Les ailes sont transparentes à nervures roussâtres.

22. — Le Ver-à-soie
(BOMBYX MORI, Lin.).

Le Bombyx dont la Chenille produit la soie est originaire des provinces septentrionales de la Chine ; il est cultivé dans ce vaste empire dès la plus haute antiquité, pour en obtenir cette précieuse matière textile. Selon le *Chou-King*,, ouvrage chinois, l'impératrice *Si-Lin-Ki* a trouvé, 2,600 ans avant notre ère, le moyen de dévider les cocons du Ver-à-soie, en les tenant dans l'eau chaude. Les dames de la cour de Pékin s'empressèrent de se livrer à l'élevage des Vers-à-soie. Deux siècles et demi plus tard, la femme de l'empereur Ya-ho fit beaucoup pour encourager les éleveurs du Ver-à-soie. La soie devint l'un des éléments de la richesse du pays, et les Chinois, pour en conserver le monopole, prononcèrent la peine de mort contre celui qui en porterait la connaissance chez les étrangers. C'est de chez eux que venaient les étoffes de soie, si recherchées par les anciens et si chères chez eux. Selon Latreille, la ville de Turfan, dans la petite Boucharie, fut longtemps le rendez-vous des caravanes de l'Ouest et l'entrepôt des soieries venant de la Chine. Elle était la métropole des Sères de l'Asie supérieure ou de la Sérique de Ptolémée. Expulsés de leur pays par les Huns, les Sères s'établirent dans la grande Boucharie et dans l'Inde. Au VIe siècle de notre ère, deux moines de l'ordre de Saint-Basile avaient pénétré jusqu'en Chine, jusqu'au pays des Sères, ainsi qu'on appelait alors le pays de la sériciculture, et avaient rapporté à Constantinople des notions sur les Vers-à-soie et sur leur culture. L'empereur Justinien en ayant entendu parler, les fit venir auprès de lui, leur donna des instructions et les renvoya dans le pays d'où ils venaient, et en l'année 555 ils rapportèrent des œufs du *Bombyx mori* cachés dans un trou vertical percé dans leur bâton de voyage. Les Vers-à-soie furent alors cultivées à Constantinople et dans tout l'empire d'Orient. Au XIIe siècle, l'industrie de la soie, déjà florissante dans la Grèce, n'avait pas encore pénétré en Italie. Roger II et le comte Dandollo, au retour d'une expédition à Constantinople, introduisirent le Ver-à-soie, le premier en Sicile, le second à Venise. L'expédition de Charles VIII, en Italie et à Naples, fit connaître cet insecte en France, et Louis XI fit tous ses efforts pour développer la fabrication de la soie; il fit venir des ouvriers Italiens, et il établit à Tours et à Lyon les premières manufactures d'étoffes de soie. Henri IV et Olivier de

Serres propagèrent et affermirent décidément cette industrie parmi nous.

On voit par cet exposé historique que le Ver-à-soie était élevé en domesticité en Chine et dans l'Inde depuis un temps immémorial ; que les peuples de ces contrées savaient dévider son cocon, filer et tisser la soie et en faire des étoffes qu'ils vendaient aux nations étrangères.

On ne trouve plus le Ver-à-soie à l'état sauvage dans l'empire chinois et on ne sait au juste à quelle espèce de Bombyx de ce pays on doit le rapporter. Par suite de sa longue domesticité, il s'est beaucoup modifié. Si sa chenille a acquis des qualités qu'elle n'avait pas primitivement, comme de construire un cocon plus volumineux et plus abondant en soie fine, d'un beau blanc ou d'un jaune clair ; le papillon, au contraire, paraît avoir perdu de ses qualités, car actuellement il ne peu plus voler. La femelle, après son éclosion, reste immobile ou presque sans mouvement, et le mâle court à sa recherche en agitant vivement ses ailes qui ne peuvent le soutenir en l'air. On ne peut douter que dans son état primitif et sauvage il ne volât à la recherche de sa femelle, comme le font plusieurs espèces de Bombyx, dont les femelles restent immobiles, et l'on a remarqué, en confirmation de cette assertion, que le Ver-à-soie élevé en liberté sur un mûrier, donne des mâles qui volent un peu et se soutiennent momentanément en l'air. On pourrait peut-être remonter à la race primitive en obtenant trois ou quatre générations successives ayant vécu en liberté.

Le Ver-à-soie est une chenille qui a la forme générale de nos chenilles, et qui provient, comme elles, d'un œuf pondu par un papillon ; elle a des habitudes analogues à celles de nos chenilles qui produisent des Lépidoptères nocturnes, de la tribu des Bombycites. Les œufs appelés *graines* éclosent sous une température de 20° du thermomètre de Réaumur, continuée pendant quelques jours. Dans nos climats cette température n'est pas ordinaire au commencement du printemps. C'est pourquoi on a recours à une chaleur artificielle pour les faire éclore, soit en le tenant dans une chambre chauffée à ce dégré de chaleur et qu'on arrose pour y entretenir un air un peu humide, soit en les portant sur soi, si l'on en a qu'une petite quantité, mais alors les œufs ne doivent pas être en contact avec la peau ; ils doivent être placés entre deux linges sur la chemise. On a l'attention de ne provoquer l'éclosion qu'au moment où le mûrier épanouit ses premières feuilles. Ces œufs sont sphériques, lisses, de 1 mill. de diamètre et de couleur gris-ardoisé. On les trouve dans le commerce étendus et collés sur une feuille de papier blanc où sur une fine toile sur laquelle le papillon femelle les a déposés, ou dans des petites boites où on les a réunis pour les vendre au poids, soit au gramme, soit à l'once. Ils doivent être conservés dans un lieu frais et sec.

Pour les faire éclore en grand, on les étend sur une feuille de papier placée sur une table dans une chambre appelée magnanerie du nom de *magnan,* donné au Ver-à-soie dans le midi de la France, chauffée à la température de 20° R. Dès que les petites chenilles sortent des œufs on leur présente des rameaux de feuilles fraiches de mûrier sur lesquelles elles montent aussitôt et l'on transporte les rameaux sur les tablettes de la magnanerie disposées par étage et garnies de petites claies ; et pour qu'on ne soit pas exposé à enlever des œufs non éclos, on interpose de la filasse ou du tulle entre les œufs et les rameaux. On rassemble sur la même tablette toutes les chenilles écloses le même jour, et on en fait autant de divisions qu'il y a de jours d'éclosion, c'est-à-dire deux ou trois.

Ces petites chenilles doivent subir quatre mues ou changements de peau dans le cours de leur vie, qui se trouve ainsi divisée en cinq périodes appelées âges, dont la première s'étend depuis l'éclosion jusqu'à la première mue, et dont la cinquième commence immédiatement après la quatrième mue et finit à la construction du cocon. On égalise les petites chenilles sur les claies de manière à ce qu'elles ne soient pas trop serrées les unes contre les autres, et on leur donne la feuille de mûrier coupées en lanières très étroites pour leur nourriture ; on leur sert sept ou huit repas en 24 heures, depuis 5 heures du matin jusqu'à 11 heures du soir. On se sert pour la répandre du crible à longs trous. Dans cette première période les Vers sont noirâtres et leur tête est d'un noir plus foncé et luisant ; ils sont couverts de poils raides et longs de 3 à 4 mill. Du quatrième au septième jour de leur naissance, ils se préparent à leur première mue en cessant de manger et en se cachant sous leur litière, sous laquelle ils restent un ou deux jours. On dit alors qu'ils dorment.

Dès qu'on s'aperçoit qu'ils ont changé de peau et qu'ils se réveillent on les couvre de feuilles de papier percées de trous sur lesquelles on a mis des feuilles fraîches de mûrier, coupées un peu plus gros que dans le premier âge, et dès qu'ils y sont montés on les place sur de nouvelles claies, mais toujours par divisions, et on enlève la première litière. Ils sont alors grisâtres et lisses avec le museau marron. On doit les nourrir avec des feuilles coupées, distribuées au crible et ne pas les laisser manquer de vivres frais. Ils grandissent jusqu'à leur deuxième mue, qui est avancée ou reculée, selon le degré de chaleur, selon la qualité de la nourriture et selon le tempérament des insectes ; c'est ordinairement sept à huit jours après le réveil. On peut diminuer un peu la température et la réduire à 18°. On change la litière si cela est nécessaire, c'est-à-dire, si les excréments des vers et l'altération des débris qu'ils ont laissés donnent de l'humidité et de l'odeur ; car ces petits animaux demandent un air pur sans mauvaise odeur et une station sèche. Lorsque les vers sont arrivés à leur deuxième mue, ils ont acquis 8 à 9 mill. de longueur; ils cessent de manger et se cachent sous leur litière. Ils y restent deux à trois jours qui sont leur deuxième sommeil et lorsqu'ils sont réveillés, c'est-à-dire, qu'ils ont changé de peau, on les transporte sur d'autres claies et on enlève leur litière. Comme le délitement se fait successivement, on place les Vers de la deuxième claie à la place qu'occupait la première, ceux de la troisième à la place de la deuxième, ainsi de suite, en laissant toujours ensemble ceux de la même division.

Ayant opéré leur deuxième mue, ils mangent et grandissent jusqu'à la troisième qui a lieu de sept à dix jours après. Pendant le troisième âge on leur sert de la feuille coupée, mais en plus gros fragments que dans la période précédente; on leur donne au moins quatre repas par jour, parce qu'alors la nourriture se dessèche moins vite étant en plus grands morceaux. On doit faire en sorte qu'ils n'en manquent jamais, quoiqu'on puisse sans inconvénient les laisser jeûner pendant quelque temps, même un jour, ce que l'on est forcé de faire lorsqu'il y a des retardataires dans leur mue. On change la litière chaque fois qu'il est nécessaire. Les vers acquièrent dans cette période 18 mill. de longueur, et comme ils sont déjà gros, on se sert pour déliter de papier à filet, c'est-à-dire, à grandes mailles qui leur permettent de passer de la litière sur le filet chargé de nourriture fraîche. Ils se préparent à la troisième mue, en cessant de manger et en se cachant sous la litière où ils restent quelquefois plus de quatre jours.

Après la troisième mue ils sont d'un gris très clair presque sans taches, le mufle est brun et on remarque deux petits appendices sur le cinquième segment qui suit le thorax appelé vulgairement tête, parce que les trois segments qui le composent sont peu distincts et plus gros que les suivants. Ils ont alors 27 mill. de longueur. On les traite comme précédemment, mais on leur sert la feuille entière et on les délite chaque fois qu'il est nécessaire. L'air pur et la propreté sont indispensables pour réussir. Ils restent cinq ou six jours dans la quatrième période et lorsqu'ils ont atteint 34 mill. de longueur, ils se disposent à la quatrième mue par l'abstinence et en se cachant sous leur litière. Ils y restent quatre à huit jours avant d'opérer leur changement de peau, Cette mue est plus dangereuse que les précédentes et il y périt un assez grand nombre de vers.

Ceux qui ont supporté cette crise ont une couleur de chair qui s'éclaircit dans l'espace de deux à trois jours; s'ils deviennent jaunes, ils meurent infailliblement. Les vigoureux deviennent comme cendrés et ont un appétit vorace : ils acquièrent une longueur de 80 à 100 mill, dans l'espace de huit à dix jours. On doit les nourrir abondamment et les déliter souvent pour les tenir propres et empêcher la mauvaise odeur qui résulte de leurs excréments gros et humides mêlés aux débris de leur repas. Lorsqu'ils ont satisfait leur appétit vorace pendant le cinquième âge, ils se disposent à monter et à filer leur cocon, ce qui a lieu comme on vient de le dire huit à dix jours après leur quatrième mue. Ils ont alors 85 mill. de longueur, moyennement. Ils sont cylindriformes. La tête est petite et présente une paire de mâchoires et six points oculaires de chaque côté. Les trois premiers segments semblent ne former qu'une masse plus épaisse que le corps au dessous de laquelle sont attachées les trois paires de pattes écailleuses, qui servent à distinguer les trois anneaux dont elle est composée, elle porte quelques taches brunes en-dessus. Les autres segments sont égaux, excepté le douxième qui est plus petit et porte la paire de pattes anales ; les sixième, septième, huitième, neuvième ont chacun une paire de pattes membraneuses ; le onzième est surmonté d'une petite corne inclinée en arrière, analogue à celle que l'on remarque sur les chenilles du genre sphinx. Les neuf paires de stigmates sont placées sur les côtés des premier, quatrième, cinquième, etc., et onzième segments ; la première paire est plus grande que les autres qui sont égales. On peut encore distinguer la filière sous la lèvre inférieure.

C'est pendant la cinquième période que les vers demandent le plus de soins pour leur nourriture et leur propreté. On doit les déliter tous les jours et enlever ceux qui meurent. On reconnaît qu'ils ne tarderont pas à monter lorsqu'ils perdent leur appétit et que leur corps, autour des anneaux et de la tête acquiert de la transparence. Ils courent sur les feuilles sans manger et cherchent à quitter les tables. Ils se comportent comme le font toutes les chenilles que l'on nourrit en captivité. On place alors sur les tables, de distance en distance, des petits brins de bruyères ou de menus branchages qu'on appèle *signaux,* et quand les signaux se couvrent de Vers, il faut se hâter *d'encabaner.*

Les claies sur lesquelles on nourrit les Vers sont posées sur des tables placées les unes au-dessus des autres à la distance de 0 m. 50 centim., et elles sont éloignées de rang en rang de manière qu'une personne puisse passer commodément pour le service des Vers. On dresse entre ces tables des espèces de haies transversales en bruyères ou en menu branchage dépouillé de feuilles formant berceaux en dessus, à cause de la longueur de ces branchages qui excède 0 m. 50 cent., et qui sont obligés de se courber sous la table supérieure. L'ouverture des berceaux est de 0 m. 50 cent., et les claies portant les Vers sont placées sous ces berceaux. Les cabanes établies, on continue de donner de la feuille aux Vers ; au bout de 24 à 36 heures, ceux qui sont bons sont presque tous montés. La température doit être maintenue à 18° R., et pendant la montée des Vers et le temps qu'ils emploient à filer leur cocon. Avant de commencer cet ouvrage, ils se vident de leurs excréments et d'un liquide gluant et verdâtre, contenu dane le tube intestinal. Ils emploient deux ou trois jours à cet ouvrage ou un peu plus, et lorsqu'au bout de sept à huit jours après la montée on n'entend plus le bruit des Vers fileurs on procède au déramage des cabanes et à la récolte des cocons. Les uns sont jaunes et les autres blancs, et dans les deux couleurs ils s'en trouve de diverses grosseurs. Dans l'état naturel le Ver-à-soie produit un cocon jaune d'un petit volume, ce qui indique que la grosseur du cocon provient de l'état de domesticité dans lequel il a vécu et que la couleur blanche annonce probablement une dégénérescence dans l'espèce, résultant de la même domesticité ; c'est un albinisme, un affaiblissement, un commencement de maladie.

La récolte étant faite on choisit les cocons les plus beaux, les plus fins et les plus réguliers pour en avoir de la graine, et l'on envoie les autres immédiatemment à l'usine où ils doivent être dévidés. Si on ne peut les envoyer à temps pour que le dévidage ait lieu vingt jours aprés leur formation, au plus tard, on les garde et on fait périr les chrysalides qu'ils renferment en les soumettant à la chaleur d'un four dont on vient de retirer le pain, ou à celle de la vapeur d'eau bouillante dans un appareil fermé. Les papillons sortent des cocons vingt jours après la confection de ceux-ci, ce qui indique que les Vers se changent en chrysalides et ensuite les chrysalides en papillons dans cet espace de temps.

Les cocons réservés pour donner la graine laissent sortir leurs papillons qui se vident ensuite d'une matière liquide et colorée qu'ils ont dans le corps et aussitôt après les mâles courent après les femelles en élevant et en agitant leurs ailes, car ils ne volent pas, et, s'accouplent avec elles se tenant attachés pendant plusieurs heures, les corps sur la même ligne et les têtes opposées. On met ensemble tous ceux qui sont nés le même jour et ensemble ceux qui naissent le lendemain. A peine le mâle est-il détaché de la femelle que celle-ci pond ses œufs et les dépose les uns à côté des autres sur la feuille de papier ou sur la toile fine sur laquelle elle est placée ; ils y sont collés par une humeur gluante qui les enduit à leur sortie du corps. Les œufs sont ainsi rangés par dates de ponte. Si on veut les détacher pour les conserver dans des boîtes on se sert d'un couteau de bois.

L'insecte parfait est un Lépidoptère de la famille des Nocturnes, de la tribu des Bombycites et du genre *Sericaria*. Son nom entomologique est *Sericaria Mori*, Lat., et son nom vulgaire *Bombyx du mûrier*.

22. — *Bombyx (Sericaria) Mori*, Lin. — Envergure, 34 à 36 mill. Les antennes sont noires, pectinées chez le mâle, dentées chez la femelle, La tête, le corps et les ailes sont d'un blanc sale tirant sur le jaunâtre, avec un croissant et deux lignes transversales brunâtres sur les supérieures qui sont falquées à leur extrémité ; les lignes transversales se prolongent quelquefois sur les inférieures. Les pattes sont de la couleur du corps et les yeux sont noirs.

Le mâle meurt peu de temps après qu'il s'est détaché de la femelle et celle-ci périt lorsqu'elle a achevé sa ponte qui est de trois à sept cents œufs.

Pour dévider les cocons et en tirer des fils de soie de la grosseur voulue, on en prend une poignée que l'on met dans un vase d'eau claire et pure, chauffée à un degré inférieur à l'eau bouillante que l'on entretient constamment à la même température. Une ouvrière apppelée *tireuse,* armée d'un petit balai, les fait plonger dans l'eau où ils se dégomment. Ce balai est en bruyères ou en branches fines de bouleau, coupées carrément au bout. Il est bon de dire que l'on commence par enlever toute la bourre qui les enveloppe jusqu'à ce qu'on arrive à la soie fine. Cette bourre est cardée, filée et employée dans des tissus d'une qualité inférieure. En agitant et battant les cocons dans l'eau chaude le bout des fils s'attache aux branches du balai et la *tireuse* en réunit cinq, six, sept, etc., selon la grosseur du fil qu'elle veut tirer, et les fait passer dans le trou d'une filière d'où ils sont attirés sur un dévidoir. Comme il s'en casse quelques-uns de temps à autre dans le sautillement des cocons dans l'eau, elle a soin d'en tenir toujours un supplémentaire sur le bout de son doigt pour remplacer celui qui manque.

On ne peut dévider par ce procédé que les cocons entiers ; ceux qui sont percés par la sortie des papillons se remplissent d'eau, deviennent lourds et leurs fils se cassent dans le sautillement. Autrefois on les cardait pour les réduire en bourre que l'on filait; maintenant on se sert d'une machine qui peut les dévider comme les cocons entiers. Le fil de soie qui forme le cocon, est continu; il n'est pas cassé dans l'ouverture que fait le papillon pour sortir de sa prison ; le Ver, en le tissant, a soin de le replier à l'endroit où cette sortie doit s'opérer.

Les Vers-à-soie sont sujets à plusieurs maladies qui en font périr un très grand nombre dans les magnaneries un peu considérables, dont les plus ordinaires sont la *muscardine* et la *gattine*. Ces maladies paraissent avoir pour cause la trop grande quantité de Vers accumulés dans un atelier d'éducation, le mauvais air qui y règne, l'humidité des litières, et la dégénération de l'espèce. Dans l'état que l'on suppose naturel le cocon de ce Ver est petit et jaune. Par les soins qu'on a pris de nourrir ces chenilles de feuilles succulentes de mûrier, de les couper pour qu'elles les mangent plus facilement; par le choix des plus grosses pour en obtenir des cocons porte-graines, et parmi ces cocons d'élite, le choix des plus gros, des plus fins et des plus blancs, on a créé des races qui ont perdu leur force primitive et qui donnent des œufs dégénérés. Lorsqu'on élève un petit nombre de Vers dans une chambre, il est rare qu'il s'en trouve de malades.

La muscardine atteint le Ver après sa quatrième mue lorsqu'il est prêt à monter pour filer son cocon où lorsqu'il a déjà commencé ce travail. Il meurt sans qu'on soupçonne qu'il soit malade. Au moment de la mort il est d'abord mou; au bout de quelques heures il devient dur, rigide et de couleur rougeâtre. Il se couvre ensuite d'une poussière blanche comme de la farine. Cette maladie est causée par un végétal cryptogame, appelé *Botrytis bassiana*, du nom de Bassi, qui l'a découvert. Les sporules du *Botrytis* répandus dans l'air des magnaneries se déposent sur la chenille et y germent. Ce cryptogame enfonce dans le corps de l'insecte des radicelles ou un *mycelium* d'une grande ténuité; il étend au dehors ses organes fructifères en élégantes efflorescences blanchâtres, et répand dans l'air d'innombrables sporules qui vont s'implanter sur les chenilles voisines. Les Vers atteints meurent bientôt épuisés. La muscardine sévissait de 1837 à 1842. Elle a disparu ensuite presque complétement.

Une maladie des plus graves lui a succédé; on la nomme la *pébrine* ou la *gattine*. Dans cette maladie les organes internes de l'insecte sont envahis par des corpuscules vibrants d'une forme distincte, vus au microscope. Les Vers qui en sont atteints ne mangent pas avec appétit et mangent peu; ils sont inquiets et courent sur la claie: ils ne grossissent pas et sont incapables de filer leur cocon. Cette maladie se manifeste à tout âge, depuis l'éclosion jusqu'à la fin de la vie.

Une nouvelle maladie, celle des *morts-flats,* fit son apparition dans les chambrées en 1867. M. Béchamp l'attribue à la présence dans les œufs, lès chenilles et les chrysalides, d'êtres microscopiques, globuliformes, doués de mouvements et qu'il a désignés sous le nom de *Microzema bombycis.* Les Vers atteints de ces infimes *microzoaires* ou *microphytes* ne mangent plus, tombent le long des claies et meurent bientôt.

La race de nos Vers-à-soie, se trouvant infectée jusque dans les œufs qui la produisent, est destinée à périr; il faut la renouveler et la remplacer par des insectes sains provenant des graines saines et élever les Vers dans des lieux éloignés de ceux qui sont infectés. La graine saine se tire des lieux où les Vers-à-soie jouissent d'une bonne santé pendant tout le cours de leur vie. En la faisant éclore dans les localités infectées récemment on court le risque de voir la maladie reparaître et exercer les mêmes ravages qu'auparavant.

Voici quelques faits constatés par l'expérience, qu'il convient de consigner ici.

Le mûrier blanc est celui dont les feuilles conviennent le mieux aux Vers-à-soie.

Sous une température de 22° à 24° C., l'éducation dure trente jours en donnant aux Vers une nourriture abondante, continue, jour et nuit. En baissant la température et épargnant la nourriture le temps de l'éducation s'allonge.

En 1836, les papillons sont éclos du 13 au 21 juillet.

Il faut 10 à 20 kil. de cocons pour obtenir 1 kil. de soie grège ou soie dévidée sur les cocons.

100 kil. de bonnes feuilles ont produit 14 kil. de cocons, ce qui est prodigieux.

100 kil. de bonnes feuilles ont produit 10 kil. de cocons, ce qui est beaucoup.

100 kil. de bonnes feuilles ont produit 2 ou 3 kil. de cocons, ce qui est fort ordinaire.

On compte environ 40,000 œufs dans une once où 31 grammes;

On compte environ 1,290 œufs dans un gramme.

Une femelle pond de 300 à 700 œufs.

La longueur du fil que l'on tire d'un seul cocon, en le dévidant autant que possible, est de 540 à 1,000 mètres.

Si l'on veut connaître toutes les précautions à prendre pour réussir dans la culture du Ver-à-soie, il faut consulter les bons ouvrages publiés sur ce sujet et suivre scrupuleusement ce qu'ils prescrivent (1)

—

23. — Le Ver-à-soie de l'Ailante.

(SATURNIA CYNTHIA, Drur.).

Le Ver-à-soie de l'Ailante *(Ailantus glandulosa)*, est originaire de la Chine et a été introduit en France en 1857. Il s'y est bien accoutumé, s'y est reproduit et s'est propagé partout où on a voulu l'élever; on peut donc le regarder comme acclimaté dans notre pays. Il vit en plein air sur l'Ailante glanduleux dont il ronge les feuilles pour se nourrir. Cet arbre croît très bien sur toute sorte de terrain et se multiplie avec facilité par les graines, les drageons, les fragments de racines plantés en terre et même par boutures. Il est originaire du Japon. Nous lui donnons ordinairement le nom de Vernis du Japon, quoiqu'il ne soit pas véritablement l'arbre connu sous ce nom; ce n'est que le Faux-Vernis du Japon.

Vers la fin de mai les papillons provenant des Vers-à-soie de l'Ailante sortent des cocons conservés pour donner de la graine, c'est-à-dire des œufs. Aussitôt qu'ils sont nés, on les met dans une cage à parois de toiles, ou dans un panier où ils s'accouplent

(1) *La petite magnanerie du père Toussaint*, Louis Cler, 1850; — *Guide de l'éleveur de vers-à-soie*, Guérin-Meneville, 1863.

pendant la nuit. Le lendemain matin, on prend les couples que l'on place dans une boîte de ponte et on enlève les mâles dès qu'ils ont quitté les femelles, pour les remettre dans la boîte aux mariages. Les femelles pondent immédiatement après leur accouplement, on recueille les œufs en les détachant avec l'ongle ou avec un couteau de bois, et on les dépose dans une petite boîte que l'on garde dans une chambre chauffée à 22 ou 25° C., dans laquelle on a soin d'entretenir de la vapeur d'eau et d'effectuer des arrosements, afin d'empêcher les œufs de se désécher. Ils éclosent dix à douze jours après la ponte et de grand matin.

Dès que les chenilles paraissent, on place sur la boîte aux œufs des folioles d'Ailante sur lesquelles elles montent, et vers la fin de la journée on place ces folioles sur des bouquets de feuilles qui ont le pied dans l'eau, soit dans une bouteille, soit dans un baquet couvert d'une planche percée de petits trous. Ces précautions ont pour but d'entretenir la fraîcheur des feuilles et d'empêcher les petites chenilles de se noyer. Lorsqu'elles ont consommé leur provision on leur présente d'autres bouteilles remplies de feuilles sur lesquelles elles montent d'elles-mêmes.

Au bout de deux ou trois jours on peut placer les chenilles sur une haie d'Ailante, ce qui se fait en y déposant les feuilles sur lesquelles elles vivent ; et on n'a plus à s'occuper du soin de les nourrir; c'est le parti que l'on prend lorsqu'on fait une éducation en grand. Si on élève quelques chenilles seulement, dans le but d'avoir leurs papillons, on continue à les nourrir en captivité et à leur fournir des feuilles fraîches. Les petites chenilles étant placées sur les haies trouvent continuellement autour d'elles les vivres qui leur sont nécessaires ; mais elles ont des ennemis naturels contre lesquels il faut les défendre, car ces ennemis les mangeraient toutes, ou au moins n'en laisseraient guère ; ce sont les Fourmis, les Guêpes et les oiseaux insectivores. Au bout de peu de temps elles deviennent assez fortes pour n'avoir plus à craindre que ces derniers ennemis, que l'on doit éloigner en faisant garder les chenilles par un enfant ou une femme qui surveille attentivement les haies et donne la chasse aux oiseaux. Les chenilles mangent à volonté, selon leur appétit, mettent un mois à acquérir toute leur croissance et pendant ce temps, elles changent quatre fois de peau. Leur accroissement étant terminé, elles filent leurs cocons qu'elles placent sur une feuille dont elles replient les bords longitudinaux pour le recouvrir en partie; pour mieux assurer sa stabilité elles prennent le soin de fixer la feuille et le cocon à la tige au moyen d'un ruban de soie. Cinq à six jours après la confection des cocons on en fait la récolte.

La chenille de l'Ailante, parvenue à toute sa taille, a 65 à 80 mill de longueur. Sa tête est jaune d'or et son corps d'un beau vert émeraude, excepté le dernier segment qui est jaune d'or. Tous les segments présentent deux rangs transversaux de six points noirs chacun et entre ces rangs une ligne transversale de six tubercules saillants ayant l'extrémité bleu d'outre-mer. Elles portent seize pattes, qui sont jaunes.

Le cocon qu'elle file est d'une forme allongée et effilée aux deux bouts; il est d'une couleur grise plus ou moins pâle et d'un tissu serré, long de 40 à 45 mill. sur 14 à 15 mill. de largeur. Il a une ouverture élastique à l'une de ses extrémités pour la sortie du papillon; ce qui n'empêche pas qu'on puisse le dévider par des procédés particuliers semblables à ceux qu'on emploie pour dévider les cocons du Ver-à-soie du mûrier dont le papillon est sorti.

La chrysalide de la chenille de l'Ailante est grosse, courte, subconique, longue de 24 mill. et large de 12 mill. aux épaules.

Le papillon qu'elle donne se classe dans la famille des Nocturnes, dans la tribu des Bombycites et dans le genre *Saturnia*. Son nom entomologique est *Saturnia cynthia*, Drur., et son nom vulgaire *Bombyx cynthia*, *Bombyx de l'Ailante*.

23. — *Bombyx (Saturnia) cynthia*, Drur. — Longeur du corps, 30 mill; envergure, 135 mill. La couleur générale est

cervine, c'est-à-dire, gris-verdâtre ou gris-jaunâtre. Les antennes sont pectinées dans les deux sexes et d'un gris-jaunâtre. La tête et le corselet sont de la couleur générale avec une légère tache blanche de chaque côté de la première et un collier blanc à la partie antérieure du second. Les ailes supérieures sont cervines, falquées à l'extrémité, portant au milieu une grande lunule étroite, transparente, bordée de noir en dessus, et de jaune en dessous. Elles sont traversées par une raie blanche bordée de rose vif à l'extérieur et de noir à l'intérieur qui touche l'une des extrémités de la lunule, et par une autre raie blanche brisée en forme de <, dont le sommet touche l'autre extrémité de la lunule, et les branches aboutissent aux bords externes et internes de l'aile dans le voisinage de la base ; elle est bordée de noir extérieurement. On voit, en outre, deux petites lignes blanches parallèles au dessous de la lunule qui réunissent les deux raies, et une petite ligne blanche fulgurale à l'angle apical aboutissant à une tache noire, ovale, bordée de blanc en dessus. Les inférieures sont de la même couleur que les supérieures et présentent au milieu une lunule transparente, bordée de noir en dessus, de jaune en dessous, enveloppée par une grande raie blanche bordée de rose à l'extérieur, de noir à l'intérieur, aboutissant par l'une de ses extrémités au bord interne près de l'extrémité de l'aile et par l'autre bout au même bord, non loin de la base et touchant le bord extérieur par le sommet de la courbure. L'abdomen est d'un gris-jaunâtre en dessus, avec trois lignes longitudinales de petites houppes de poils blancs. Le bord extérieur des secondes ailes présente des lignes brunes parallèles qui en suivent le contour et un rang de taches allongées, étroites, qui les accompagnent.

Ce papillon peut avoir une deuxième génération dans l'année ; car les chenilles de cette deuxième génération peuvent éclore le 30 août et la récolte des cocons pourra se faire au commencement d'octobre si la saison est passable.

La soie du *Bombyx cynthia* est forte et de couleur grise. On peut la blanchir et alors elle est susceptible d'être teinte et de prendre les couleurs les plus délicates. Les étoffes qu'on fabrique avec elle en Chine sont, pour ainsi dire, inusables.

Ce Ver-à-soie peut être regardé comme acclimaté en France; il n'y a plus qu'à le multiplier pour en obtenir les cocons qu'on livrera à l'industrie, qui les dévidera en fils de la grosseur qu'elle jugera convenable, qu'elle teindra ensuite et tissera pour en fabriquer des étoffes pour les personnes qui voudront en faire usage. Il a pu s'acclimater parce que les cocons de la deuxième récolte passent l'hiver sans que leurs papillons en sortent, et que ces papillons éclosent à la fin de mai, lorsque les feuilles de l'Ailante sont développées et fournissent de la nourriture aux chenilles sorties des œufs. Il y a même une partie de la première génération qui ne donne ses papillons qu'au printemps suivant, après avoir passé l'hiver comme ceux de la deuxième éducation; ce qui assure la perpétuité de l'espèce. Si l'on parvenait à l'élever en grand dans des chambres et à le rendre domestique, comme le Ver-à-soie du mûrier, sa culture serait plus assurée qu'en plein air et ses récoltes plus abondantes. On ne peut le laisser se propager en liberté sur les Ailantes, parce que les oiseaux détruiraient la majeure partie des chenilles, que des parasites les attaqueraient et vraisemblablement l'espèce disparaîtrait au bout de peu d'années. Il faut donc le défendre contre ses ennemis, et pour cela on garde les plus beaux cocons pour en obtenir les plus beaux papillons, dont on recueille les œufs ou la graine qu'on fait éclore comme on l'a dit, et au bout de quelques jours on sème les jeunes chenilles sur les haies d'Ailante en nombre proportionné à la quantité de feuilles et on les défend le mieux que l'on peut contre leurs ennemis.

L'Ailante a été introduit en France en 1751, où il s'est répandu dans les parcs comme arbre d'ornement. Ses feuilles sont longues, composées et formées de quinze paires de folioles lancéolées, opposées et terminées par une impaire. Il se multiplie très facilement de graines, de drageons, de fragments de racines mis en terre et de boutures. Lorsqu'on le destine aux Vers-à-soie, on le plante en lignes, à la distance de 1 mètre dans chaque ligne et en laissant 2 mètres de distance entre les rangs. On plante ou on sème en mars ou en avril; on recèpe en hiver afin de faire pousser vigoureusement au printemps suivant. On élève ainsi des haies que l'on maintient à 1 m. 50 cent. de hauteur ou un peu plus, de manière que l'on puisse facilement récolter les cocons et que l'on puisse passer entr'elles pour surveiller les chenilles.

Si l'on veut avoir des renseignements plus détaillés sur les Vers-à-soie de l'Ailante, il faut consulter le petit traité de l'éducation de ces Vers, publié par M. Guérin-Meneville, qui a été leur introducteur et leur propagateur en France (1).

—

24. — Le Ver-à-soie du Ricin.

(Saturnia arrindia, Edw.).

Le Ver à-soie du Ricin est originaire de l'Inde, où il est élevé en domesticité et nourri avec des feuilles de Ricin, pour obtenir la soie de son cocon, qui est employé à la fabrication d'étoffes solides. Il a été transporté en France en 1854, dans l'espérance de l'y acclimater. En 1857, M. Guérin-Meneville ayant comparé la chenille, le cocon et le papillon qu'elle donne, appelé *Bombyx arrindia,* avec la chenille, le cocon et le papillon du *Bombyx cynthia,* a pensé que ces deux Lépidoptères forment deux espèces distinctes, quoiqu'ils présentent de nombreuses analogies. Cependant, comme ils s'accouplent ensemble et donnent des œufs féconds qui produisent des papillons dont les générations se perpétuent indéfiniment, on doit les regarder comme ne formant qu'une seule et unique espèce, puisqu'ils possèdent la propriété qui caractérise l'espèce, d'après la définition adoptée par les naturalistes. Les différences

(1) *Traité de l'éducation des vers-à-soie de l'Ailante et du Ricin*, par M. Guérin-Meneville, Paris, Bouchard-Huzard, rue de l'Eperon, 5.

qu'ils présentent proviennent des climats différents qu'ils habitent et de la nourriture diverse qu'on leur administre dans les deux contrées. Le Ver-à-soie du Ricin se nourrit très bien avec les feuilles de l'Ailante, et celui de l'Ailante mange de bon appétit celles du Ricin, et l'un et l'autre s'accommodent des feuilles du Chardon à foulon *(Dipsacus fullonum)*, ce qui les rapproche un peu. Mais ils présentent des différences notables dans leurs évolutions, qui s'opposent à ce que le premier, le Ver-à-soie du Ricin, soit élevé en France ; la première et la plus considérable réside dans ses œufs qui ne passent pas l'hiver et éclosent pendant cette saison au moment où l'on n'a pas de feuilles pour nourrir les jeunes chenilles. Il donne au moins sept générations dans l'année, tandis que le Ver-à-soie de l'Ailante n'en donne que deux, et ses œufs se conservent pendant l'hiver. Les métis provenant du mariage des deux espèces n'ont que quatre générations par an, et se rapprochent déjà du *Saturnia cynthia* par leur défaut de précocité ; mais les œufs éclosent encore trop tot et on n'a rien à donner à manger aux chenilles lorsqu'elles paraissent. Peut-être que si l'on accouplait le métis avec le vrai *Cynthia* on arriverait à une variété susceptible d'être nourrie en captivité dans notre pays ; mais il est assez probable qu'on retomberait dans le vrai *Cynthia* que l'on peut regarder comme l'espèce primitive. Il résulte de la nature du *Bombyx arrindia* qu'il ne peut être cultivé sous notre climat; qu'il a besoin de contrées plus chaudes pour se conserver; de celles où le Ricin ne perd jamais ses feuilles et offre une nourriture assurée aux jeunes chenilles au moment où elles éclosent, soit en été, soit en hiver, comme l'Algérie, le midi de l'Italie, l'Espagne, etc.

Les différences que l'on signale entre les deux espèces à toutes les phases de leur vie sont les suivantes :

Les œufs de l'*Arrindia* sont entièrement blancs ; ceux du *Cynthia* sont blancs, tachés de noir.

La chenille de l'*Arrindia* est entièremeut verte, avec les points noirs et les tubercules que l'on remarque sur celle du

Cynthia, mais cette dernière a la tête et le dernier segment jaune d'or.

Le cocon de l'*Arrindia* a la même forme que celui du *Cynthia*, mais il est d'un roux très vif, tandis que ce dernier est gris.

Le papillon de l'*Arrindia* est plus petit que celui du *Cynthia* ; son abdomen est entièrement blanc et plucheux. La couleur générale du fond des ailes est la même dans les deux; mais la raie blanche transversale qui partage les quatre ailes en deux portions est bordée extérieurement de gris-rougeâtre terne dans l'*Arrindia* et de rose vif dans la *Cynthia*. La lunule de quatre ailes est plus courte dans le premier que dans le deuxième, et l'espace brun qui se trouve au-dessus dans les supérieures est très court, à peine plus long que large dans l'*Arrindia*.

On peut voir par la comparaison des deux espèces que les différences qu'on y remarque portent sur la taille, sur la couleur et la précocité, qui peuvent dépendre du climat et de la nourriture et qui ne suffisent pas pour constituer des espèces distinctes.

Le Ver-à-soie du Ricin vit en plein air sur cette plante, et aussi sur l'Ailante, mais il vaut mieux le nourrir avec la première que sur la seconde. On fait éclore les œufs dans une boîte à éclosion tenue dans une température convenable et on nourrit les jeunes chenilles sur des feuilles tenues le pétiole dans l'eau. Au bout de deux ou trois jours on les porte sur les Ricins et on leur laisse la liberté de prendre à leur gré la nourriture, selon leur appétit, de croître et de changer de peau, ainsi que la nature le commande, et de filer leur cocon lorsque le moment est venu. On récolte ces derniers cinq ou six jours après leur formation. On a soin de défendre les chenilles contre les oiseaux de jour et de nuit qui en feraient leur proie en tirant sur eux des coups de fusil pendant le jour et en faisant un bruit de chaudrons pendant la nuit.

La soie du cocon de l'*Arrindia* est rousse ; mais elle se blanchit facilement, et prend ensuite toutes les nuances qu'on veut lui donner. Les cocons, semblables par la forme à ceux du *Cynthia*, sont percés à l'une de leurs extrémités, comme les nasses des pêcheurs, pour la sortie du papillon, et on les dévide par le même procédé employé au dévidage de ces derniers.

Le Ricin ou Palma-Christi *(Ricinus communis)*, réussit très bien en France ; il est cultivé dans les départements méridionaux pour obtenir sa graine dont on fait de l'huile. Sa culture est facile, on le sème en pleine terre en rangs espacés de 70 cent. à 1 mètre en espaçant les pieds de 50 à 70 cent. La graine doit être recouverte de 2 cent. de terre.

Le nom entomologique du Ver-à-soie du Ricin est *Bombyx (Saturnia) arrindia*, Edw.

—

25. — Le Ver-à-soie Toussah.

(SATURNIA MYLITTA, Drury.).

M. le docteur Boisduval, dans son *Essai d'Entomologie horticole*, fait mention du *Bombyx mylitta* comme provenant d'une chenille dont la soie est utilisée dans l'Inde pour la fabrication des étoffes. « Ce grand Bombyx, appelé *Toussah* par les Indiens, donne un cocon souvent plus gros qu'un œuf de pigeon, composé d'une soie très forte et abondante, mais qui n'est pas apte à faire ces beaux tissus que l'on obtient avec la soie de la Chine. Les Indiens en font des étoffes grossières qu'ils appèlent *Korah* employées par les Européens qui résident au Bengale pour vêtements d'été ou pour couvrir des meubles. Au reste le *Toussah* ne s'élève pas en domesticité dans l'Inde, comme nos vers-à-soie. On recueille les cocons à l'état sauvage, et l'on fait accoupler les papillons dont on veut avoir la graine. Dès que les œufs sont éclos on transporte les petites chenilles dans les jungles (bois épais) et on les place sur les arbres destinés à les nourrir, dont les principaux sont les *Terminalia alata* et *tomentosa* quelques *Ziziphus* et surtout une plante que nous ne connaissons pas, qui porte le nom Hindostani de *Koosun*, et qui paraît être le *Carthamus tinctorius*, selon l'opinion de l'un de nos savants Indianistes. Lorsque l'éducation est terminée, les Indiens détachent les cocons, les entassent dans des corbeilles ou dans des sacs et les portent au marché; puis ils coupent les arbres à la hauteur d'environ 1 m., pour la commodité des gardiens qui doivent surveiller les chenilles l'année suivante. Le Toussah abonde dans une grande partie du Bengale, jusqu'à l'Himalaya, principalement dans les districts de Ramgurh et Hazarubaugh. »

Les œufs du *Bombyx mylitta* sont un peu ovales, longs de 3 mill., d'un jaune-brunâtre assez pâle, et entourés sur leur plus grand diamètre de deux bandes brunes bien marquées.

Dans le premier âge, c'est-à-dire, depuis l'éclosion jusqu'à la première mue, la petite chenille a le corps d'un jaune-vif; le premier segment porte en dessus une grande tache noire et quatre tubercules jaunes rangés en ligne transversale; les autres segments ont chacun six tubercules jaunes disposés en lignes transversales, et en outre, de chaque côté, trois petits traits noirs et courts. La tête et les pattes, écailleuses, sont rousses ; les pattes, membraneuses, sont d'un jaune sale avec une forte tache noire au côté externe ; les tubercules médians des troisième et onzième segments sont noirs et le dernier présente trois taches noires, une médiane et deux latérales. Tous les tubercules portent au sommet de longs poils divergents.

Au deuxième âge, c'est-à-dire après le premier changement de peau, cette chenille a 12 mill. de longueur; elle est d'un vert tendre, un peu jaunâtre en dessous ; la tête, les pattes écailleuses sont d'un brun roussâtre, le premier segment présente quatre taches noires distinctes et le dernier trois taches noires notablement grandes ; tous les tubercules sont d'un jaune-orangé vif, avec l'extrémité de ceux des quatre rangs supérieurs noire ; le côté externe des pattes membraneuses est marqué d'une grande tache noire.

Au troisième âge, la chenille a environ 32 mill. de longueur, et elle est d'un beau vert frais : ses côtés présentent une ligne longitudinale jaune; tous ses tubercules sont d'un beau jaune-orangé vif, mais les deux supérieurs des troisième et quatrième segments ont leur extrémité noire. La tête, les pattes écailleuses et le bord des pattes membraneuses sont d'un brun-roussâtre et le côté externe de ces pattes est marqué de huit points noirs. La tache noire du dernier segment n'est plus qu'une mince ligne noire et celle des côtés des dernières pattes membraneuses forme un long triangle qui atteint le onzième segment. Tous les tubercules sont couronnés d'une aigrette de longs poils.

Au quatrième âge elle atteint environ 70 mill. de longueur. Elle est d'un beau vert et a le corps épais ; les côtés portent une ligne longitudinale jaunâtre qui commence au quatrième segment et se continue jusqu'à la tache noire triangulaire du dernier. Les deux rangs de tubercules dorsaux sont bien saillants, d'une belle couleur orangé à reflets dorés; les deux rangs des côtés sont d'un beau bleu d'outremer très luisant, et il y a rarement des taches argentées aux côtés des cinquième et sixième segments. La tête, les pattes écailleuses et le bord des membraneuses sont d'un roux lavé de vert.

Au cinquième âge la chenille arrive à 85 mill. de longueur, avec une épaisseur proportionnée ; elle ressemble à ce qu'elle était à l'âge précédent. Elle conserve sa forme allongée et tous ses beaux tubercules qui sont dorés, avec l'extrémité d'un beau violet couronné de longs cils blancs. Les taches argentées des côtés sont grandes, très brillantes, et les points noirs persistent au côté externe des pattes membraneuses.

Cette chenille a beaucoup de ressemblance avec celle du Bombyx Yama-maï: elle en diffère cependant par des caractères assez tranchés que l'on remarque en les comparant (1).

Le cocon qu'elle file sur l'arbre dont elle a rongé les feuilles est long de 45 mill., et se prolonge en un pédicule assez sembla-

(1) *Notice sur l'éducation du ver-à-soie du chêne ou yama-maï*, par M. Guérin-Méneville.

ble au pétiole d'une feuille qui serait terminé par une boucle et long de 50 mill. environ; il est ovale, non enveloppé de bourre et suspendu à une branche par la boucle qui embrasse cette dernière.

Le papillon qui en sort est de la même famille et du même genre que les précédents; son nom entomologique est *Saturnia mylitta* et son nom vulgaire *Bombyx mylitta, Bombyx Toussah.*

25. — *Saturnia mylitta,* Drury. — *Mâle*, Longueur, 33 mill.; envergure, 150 mill. Il est d'un fauve ocracé-pâle. Les antennes sont fortement pectinées, d'une couleur un peu plus foncée que le corps. La tête est petite et fauve. Le corselet est grisâtre en devant et fauve dans le reste de son étendue. Le corps est épais, ové-conique. Les ailes supérieures sont falquées au sommet, d'un fauve-ocracé, avec le bord antérieur grisâtre, depuis la base jusque vers le sommet: on y voit au-delà du milieu un grand œil rond entouré d'une ligne noire, ayant l'iris sombre et la prunelle vitrée; une raie transversale près de la base, d'un rouge sombre, bordée d'une ligne blanche antérieurement et une raie rougeâtre bordée extérieurement d'une raie blanche, près du bord extérieur et presque parallèle à ce bord. Les ailes inférieures sont de la même couleur que les supérieures et présentent, vers le centre, un œil à prunelle vitrée, semblable à celui de ces ailes, une bande transverse rougeâtre, bordée de blanc entre la base et l'œil et une bande de même couleur parallèle au bord extérieur entre ce bord et l'œil.

La femelle est plus grande que le mâle; ses antennes sont courtement pectinées; son abdomen est cylindrique, ses ailes antérieures sont beaucoup moins falquées et sont plus obtuses; la couleur générale est plus pâle et de nuance isabelle. Les yeux et les bandes sont comme chez le mâle.

Ce grand et beau papillon ressemble beaucoup au *Bombyx Yama-maï,* dont l'histoire est donnée à l'article suivant, mais il forme une espèce distincte comme le prouve la différence de leurs cocons (1).

---

26. — Le Ver-à-soie Yama-maï.

(SATURNIA YAMA-MAI, Guér.)

Le Ver-à-soie Yama-maï est originaire du Japon et du nord de la Chine, dont le climat a quelque rapport avec le nôtre. Son nom de Yama-maï signifie, en Japonais, ver des montagnes. On peut le nourrir avec des feuilles de chêne, de châtaignier, de frêne, de cognassier, d'alisier et d'autres arbres, mais c'est le chêne qui lui convient le mieux et il s'accommode également bien de toutes les espèces qui croissent en France. L'insecte parfait ressemble beaucoup au *Toussah*, avec lequel plusieurs auteurs l'ont confondu ; mais il est bien distinct par la forme de son cocon qui n'a pas, comme chez le *Toussah*, une espèce de pédicule en forme d'anse.

Ce nouveau Ver-à-soie peut être regardé comme acclimaté en France quoiqu'il n'y ait été importé que depuis 1861 et 1862. C'est par surprise et pour ainsi dire en la dérobant qu'on a pu se procurer de sa graine ; car, au Japon, il y avait alors peine de mort contre celui qui en exporterait. On l'a élevé en chambre et en plein air sur une grande échelle et on a obtenu une belle et forte soie susceptible de prendre toutes les couleurs et de former toute espèce de tissus.

Les œufs sont pondus par le papillon femelle pendant le mois d'août ; ils sont ovales, longs de 3 mill., d'un brun plus ou moins

(1) J'ai ouï dire à M. Guérin-Meneville qu'il avait nourri la chenille du *Bombyx mylitta* avec des feuilles de chêne dont elle s'était très bien accommodée et qu'il en avait obtenu de beaux cocons. Bien que ce bombyx éclose naturellement dans les mois de février, mars et avril, on a pu retarder l'éclosion de ses œufs jusqu'à la fin de mai, époque de l'apparition des feuilles de chêne, et que les œufs provenant de ces papillons n'éclosent plus qu'au moment de l'épanouissement des feuilles du chêne, ce qui permet de les nourrir avec la plus grande facilité.

foncé et couverts de granules noirs. Cette couleur est due à un enduit gommeux qui les recouvre au sortir du ventre de la mère et qui sert à les fixer au corps sur lequel elle le dépose. Débarrassés de cet enduit ils sont blancs.

Un mois après la ponte la petite chenille est formée dans l'œuf, mais elle n'en sort qu'au printemps. On doit en retarder l'éclosion autant que possible jusqu'à la sortie des feuilles dont elle se nourrit et pour cela conserver les œufs dans un lieu frais et aéré.

Pendant son premier âge, c'est-à-dire, jusqu'à son premier changement de peau, la petite chenille est jaune, rayée de cinq lignes longitudinales noires. Elle a la tête, le premier segment et les six pattes écailleuses d'un roux couleur d'acajou, et présente trois grandes taches noires sur le dernier; tous les segments du corps portent des tubercules saillants disposés en lignes transversales, savoir, quatre sur le premier et six sur les suivants, les supérieurs généralement jaunes et les autres noirs. Les pattes sont au nombre de seize.

On place les chenilles à mesure qu'elles éclosent sur des petits chênes élevés en pots ou sur des branches plantées dans un baquet rempli d'eau que l'on renouvelle tous les jours où tous les deux jours, en ayant soin de disposer les choses de manière que les chenilles ne puissent pas tomber dans l'eau et se noyer. Le premier âge dure huit à dix jours après, lesquels les chenilles cessent de manger et paraissent dormir; ce sommeil dure de 48 à 60 heures et est suivi du premier changement de peau.

A son deuxième âge la chenille a déjà 12 mill. de longueur. Elle est d'un vert tendre un peu jaunâtre et porte une ligne longitudinale jaunâtre de chaque côté; tous les tubercules sont jaunes; la tête, les pattes écailleuses, et les trois grandes taches du dernier segment sont d'un brun-roussâtre. Elle mange pendant neuf jours, après lequels vient un sommeil de trois jours, qui est suivi du deuxième changement de peau. On ne doit pas la laisser manquer de nourriture.

Au troisième âge, elle a 32 à 34 mill. de longueur. Elle est d'un beau vert frais, avec une ligne longitudinale jaune de chaque côté. La tête, les pattes écailleuses et l'extrémité des pattes membraneuses sont d'un roux un peu fondu de vert; tous les tubercules supérieurs sont jaunes; ceux du rang inférieur sont d'un beau bleu d'outremer; le dernier segment ne porte plus de tache supérieure, mais les latérales se sont étendues et sont devenues triangulaires; tous les segments sont séparés. Le troisième âge dure dix à onze jours d'alimentation et 60 à 72 heures de sommeil, après lesquels s'opère le troisième changement de peau.

Au quatrième âge, la chenille a 70 mill. de longueur, et est grosse à proportion. Elle est d'un beau vert transparent dans certains endroits, comme un grain de raisin; le corps est épais, trapu et plus bossu en avant; les tubercules se voient à peine et ne présentent plus que des vestiges de la couleur de la peau et les aigrettes de poils dressés qui les surmontent; les côtés du corps sont parcourus par une raie jaunâtre qui commence au quatrième segment et vient se confondre avec la pointe du grand triangle postérieur qui est alors d'un brun-noirâtre. La tête et les pattes écailleuses, ainsi que le bord des membraneuses, sont d'un roux lavé de vert; et l'on voit de chaque côté des cinquième et sixième segments une belle tache argentée, située au-dessus de chaque stygmate; les segments son profondément séparés. Pendant le quatrième âge on compte treize jours d'alimentation et quatre jours de sommeil suivis du quatrième changement de peau.

Au cinquième âge, après la quatrième mue, la chenille atteint 85 mill. de longueur et une épaisseur proportionnée, elle est semblable à ce qu'elle était à l'âge précédent, si ce n'est que les tubercules ont complétement disparu et que les taches argentées des côtés ont augmenté de largeur. Cette dernière période de sa vie se compose de seize à dix-huit jours d'alimentation, quatre jours employés à filer son cocon, puis six jours de repos, à la suite desquels s'opère le changement en chrysalide.

La première chenille élevée en France, par M. Guérin-Méneville, provenant d'œufs du Japon, a commencé à filer son cocon le 5 juillet; elle était née le 15 avril, ce qui fait quatre-vingts-deux jours entre ces deux époques. Il s'est écoulé ensuite cinquante-un jours entre la formation du cocon et la sortie du papillon. Si l'on ajoute ensemble les durées des divers âges indiqués plus haut on ne trouve que soixante-treize jours. Pour rendre compte de cette différence entre les deux durées de la vie de la chenille, il faut savoir qu'après chaque mue cette dernière s'abstient de manger pendant un certain temps jusqu'à ce qu'elle ait repris des forces et que ses organes soient assez consolidés pour prendre de la nourriture, et que ces abstinences n'ont pas été comptées.

On a remarqué que les chenilles provenant d'œufs pondus par des papillons élevés en France diffèrent un peu par leurs nuances de celles produites par les œufs venant du Japon.

Le cocon du *Yama-maï* est entier, d'un jaune-verdâtre, entouré d'une bourre d'un blanc-jaunâtre ; il est ovale, long de 40 mill. et plus, et ne présente pas de pédoncule, comme ceux du *Mylitta*, du *Pernyi* et du *Bauhiniæ ;* ce pédoncule est remplacé par un simple cordon applati résultant de la soie au moyen de laquelle la chenille se fixe au rameau ou aux feuilles entre lesquelles elle le construit. Ce cordon rappelle un peu celui du *Saturnia Bauhiniæ,* mais chez cette espèce cet appendice est beaucoup plus allongé. Le cocon du *Yama-maï* peut se dévider dans l'eau bouillante qui dissout la gomme qui l'imprègne et lui donne sa solidité. On en tire un fil de 800 à 1,000 mètres de longueur; ce fil est double, composé de deux brins collés ensemble.

On peut s'étonner qu'un papillon puisse percer un cocon fermé de toute part et formé d'un tissu épais, serré et très solide. La nature a pourvu à cette difficulté en donnant à la chrysalide un réservoir de liqueur dissolvante pour ramollir ce tissu et permettre au papillon de s'ouvrir un passage pour sortir.

Ce papillon entre dans le genre *Saturnia* comme le précédent;

son nom entomologique est *Saturnia Yama-maï* et son nom vulgaire *Bombyx Yama-maï*.

26. — *Saturnia Yama-maï*, Guér. — *Femelle*. Longueur, 40 mill.; envergure, 150 mill. Il est d'un jaune d'ocre. Les antennes sont jaunâtres, faiblement pectinées. La tête est fauve. Le devant du corselet est grisâtre et le reste jaunâtre. L'abdomen est oblong, cylindrique, épais, terminé en pointe obtuse. Les ailes supérieures sont un peu falquées au sommet, d'un jaune-d'ocre; la côte est bordée d'un brun-grisâtre depuis la base jusqu'aux 3/4 de la longueur, on y voit près de la base une raie anguleuse rougeâtre, bordée d'une ligne blanche à l'intérieur; au-delà du milieu, un grand œil circulaire ayant la prunelle vitrée, l'iris brunâtre entouré d'une ligne blanche, puis d'une ligne rougeâtre du côté de la base de l'aile, du côté du sommet l'iris est d'un jaune-brun bordé d'une ligne noire. Près du bord extérieur on voit une raie transversale violâtre, bordée de blanc extérieurement. Les ailes inférieures sont de la même couleur que les supérieures et sont marquées d'une raie onduleuse rougeâtre près de la base d'un œil à prunelle vitrée au milieu, à peu près pareil à celui des supérieures, mais, avec les raies rouges plus larges et plus foncées et une grande tache noire oblongue, faisant partie de la ligne noire extérieure et d'une bande parallèle au bord postérieur, formé d'une raie noire bordée d'une raie blanche liserée d'orange.

Le mâle est un peu plus petit que la femelle; ses antennes sont plus longues et plus fortement pectinées; son abdomen est ové-comique et ses ailes supérieures sont beaucoup plus falquées, ses couleurs sont plus foncées.

—

Education du Ver-à-soie du chêne, telle qu'elle est pratiquée dans la province de Higo (île du Kiu-Süo), Japon.

L'éclosion des œufs de Yama-maï correspond à la reprise de la végétation du chêne, qui est l'essence d'arbre sur laquelle il se nourrit. Ainsi elle a lieu, suivant les climats du 15 au 20 mai, mais on peut la retarder d'une façon notable en soustrayant, aussi complétement que possible, les œufs à la chaleur et au mouvement et ne leur laissant que la quantité d'air strictement indispensable.

Voici comment on les conserve, notamment à l'Ile de Kiu-Süo, où ils sont aussi acclimatés depuis un an, d'après les pratiques suivies dans la principauté d'Etisen d'où ils sont originaires.

Le papillon du Yama-maï est très grand et il a les ailes très fortes; en outre il ne fixe pas ses œufs comme le papillon du Ver-à-soie du mûrier; il les pond même en volant ; aussi pour empêcher sa fuite et pour éviter toute perte d'œufs, on étend sur le plancher d'une chambre très propre et très claire une natte très fine ou une toile ; on dispose dans cette chambre quelques vases de sucre ou de miel ; on en ferme les ouvertures avec des filets, après y avoir placé la quantité de cocons que l'on juge à propos. C'est ici le lieu de dire que l'on reconnaît facilement les mâles des femelles d'après leurs dimensions, ces dernières étant les plus grandes.

Tant que dure la vie des papillons on ne doit pas entrer dans la chambre; dès qu'elle est terminée, on enlève les filets avec précaution de peur qu'il ne se trouve quelques œufs déposés dans leurs mailles et l'on recueille ceux qui sont déposés sur la toile du plancher et ailleurs. On doit avoir soin de ne pénétrer dans la chambre que les pieds nus.

La récolte faite, on prend des petits vases ou des coupes de porcelaine et dans chacune on met un certain nombre d'œufs, (dans une petite tasse à café, par exemple, on pourrait en mettre de 100 à 130), on les ferme avec du papier, et on les réunit ensuite par nombre variable dans des pots de jardin, en terre ou en porcelaine; enfin ces pots sont eux-mêmes fermés d'une planchette et enfouis dans la terre à une profondeur suffisante pour que la gelée ne puisse pas les atteindre. (Le plus grand froid dans l'Ile de Kiu-Sûo ne dépasse pas 8 ou 9 degrés centigrades au-dessous de zéro).

On n'a plus alors qu'à attendre le printemps.

L'éducation de Yama-maï peut être faite de deux façons différentes : 1° en liberté ; 2° dans une chambre. Quant aux développement du Ver-à-soie à l'état entièrement sauvage, il n'en peut être question, puisque dans ce cas l'homme n'a aucune action sur lui.

1° *En liberté.* — Dès que les premières feuilles du Chêne commencent à poindre, on exhume les vases qui contiennent les œufs. On prend alors des planches de bois entièrement minces, on les enduit d'un côté d'une légère couche d'eau et d'amidon, et sur cette colle on place les œufs ; puis on transporte ces planchettes sur les chênes, sur les branches desquels on les fixe à proximité des rameaux de feuilles. Au bout de quelques jours les chenilles sont développées et, suivant l'arbre dans sa croissance, abandonnent successivement les feuilles anciennes pour les nouvelles ; elles arrivent presque toutes en même temps au moment de leur sommeil et à la fin de la végétation du chêne. Il leur a fallu pour cela cinquante jours. Les cocons sont alors nécessairement suspendus à l'extrémité de toutes les branches, et l'arbre ressemble à un prunier chargé de ses fruits.

Cette éducation serait de beaucoup préférée à l'autre par les sériciculteurs japonais, en ce que les cocons qui en proviennent sont plus grands et plus lourds, (les cocons ont aussi une couleur vert-clair très prononcée, qui diffère des cocons élevés en chambre, laquelle est jaunâtre), si elle n'avait pas quelques inconvénients très-graves. Ainsi quelque précaution que l'on prenne, il est impossible d'empêcher les oiseaux de dévorer une grande partie des vers ; ensuite la récolte des cocons sur les chênes qui sont plus ou moins grands est très difficile. Cependant ces inconvénients ne sont pas inévitables ; à Etisen, il y a des éducateurs qui se sont créé des plantations de chêne qu'ils tiennent trés petits et qu'ils couvrent de filets.

2° *Dans la chambre.* — D'après cette méthode, il est nécessaire d'avoir dans la chambre des chênes en pots que l'on tient constamment plein d'eau pendant toute la durée de l'éducation et exactement recouverts d'une planchette de peur que les vers, que l'on placera ensuite sur l'arbre, venant à tomber, ne se noyent. Quelques personnes se sont avisées de remplacer ces plans de chêne par des rameaux qu'elles remplacent de temps en temps, et cet essai a très bien réussi.

Dès que les chenilles sont écloses, on leur présente quelques feuilles tendres de chêne sur lesquelles elles ne tardent pas à monter, puis on transporte ces feuilles sur les chênes. Les soins à donner alors à l'éducation se bornent à recueillir les vers qui pourraient être tombés de l'arbre, à les y replacer et à en entretenir l'eau fraiche dans les vases.

Les vers commencent à filer au bout de cinquante jours. La confection du cocon demande environ huit jours. Huit jours après commence le travail de transformation en papillon.

Toutes les espèces de chêne sont également propres à l'alimentation du *Yama-maï*.

Ces données sont littéralement extraites d'une note remise par l'un des chefs séricicultеurs du prince de Higo ou des renseignements verbaux fournis par ce même chef séricicultеur (1).

Ce Ver-à-soie peut être considéré comme acclimaté en Europe. M. le comte de Breton a élevé en grand le *Bombyx Yama-maï*, en 1866, dans les provinces d'Autriche, de Moravie et d'Esclavonie. Il a obtenu un grand nombre de cocons qu'il a fait dévider à quatre brins; ce qui lui a donné une soie forte et brillante qu'il a envoyée à Paris pour l'Exposition universelle de 1867. Il a, en outre, récolté beaucoup de graine provenant des papillons nés et nourris dans le pays, laquelle n'éclora qu'à l'époque de l'épanouissement des feuilles du chêne.

(1) Notice sur l'éducation du ver-à soie du chêne ou *Yama-maï* par M. Pompe van Murt de Woort, publiée par M. Guérin-Méneville, 1862.

En France, M. C. Personnat s'est beaucoup occupé de l'éducation du *Bombyx Yama-maï* et a obtenu un succès complet dans les nombreuses expériences qu'il a faites, depuis l'introduction de ce Ver-à-soie, expériences exécutées sur une très grande échelle. La soie qu'il a obtenue donne de bonnes et fortes étoffes, et elle peut recevoir toutes les nuances de couleurs. Il a publié un traité sur l'histoire, l'éducation de ce Bombyx et sur ses produits, que l'on doit consulter si l'on veut se livrer à sa culture; il est le résultat de son expérience et des observations qui doivent diriger dans la pratique (1), et l'on est sûr de réussir si on se conforme à ses prescriptions. Il serait à désirer qu'on l'introduisît dans les forêts de la France, où il se propagerait et vivrait à l'état sauvage et on en récolterait les cocons sur les chênes.

Pour obtenir les œufs et la graine qui doit reproduire l'espèce, on se procure une caisse en toile de canevas soutenu par des cadres en bois, fermée aux deux bouts, d'une dimension proportionnée au nombre des papillons qu'on veut y faire éclore. On y met les cocons conservés dans le but de la reproduction. Les papillons sortent le soir, s'accouplent, et les femelles, débarrassées des mâles, pondent leurs œufs par petits groupes sur le canevas.

Lorsque la ponte est achevée on détache les œufs avec un grattoir ou un couteau de bois et on les met par petite quantité dans des boites percées de petits trous d'épingles pour l'aération et on les conserve dans un lieu frais. On fera bien de ne récolter les œufs que dans le mois de décembre ou janvier.

---

27. — Le Ver-à-soie de Perny.

(SATURNIA PERNYI, Guér.).

Le *Bombyx de Perny* ressemble beaucoup au *Bombyx Yama-maï* dont on vient de parler et dont il n'est peut-être qu'une

(1) Le ver-à-soie du chêne (*Bombyx Yama-maï*) son histoire, son éducation, 4e édition, Paris, librairie agricole, rue Jacob, 26, 1868.

variété. Il se trouve dans le nord de la Chine d'où il a été apporté en France depuis peu d'années. Sa chenille vit sur le chêne et se nourrit de ses feuilles. Ses œufs éclosent naturellement chez nous à une époque où nos chênes n'ont pas encore de feuilles et l'on n'a rien à donner à leurs petites chenilles qui meurent de faim. Il est probable que si on s'en occupait avec autant de zèle et d'intelligence qu'on a mis dans l'éducation du Yama-maï, qu'on parviendrait à retarder l'éclosion des œufs jusqu'à la pousse des feuilles du chêne ou qu'on découvrirait quelqu'autre végétal qui pourrait les nourrir jusqu'au moment où ces feuilles se développent.

L'œuf du *Bombyx Pernyi* est un peu ovale, long de 3 mill. et d'un brun uni plus ou moins foncé. Je ne connais pas la chenille qui en sort, ni les diverses modifications qu'elle subit pendant ses mues, ni la durée des divers es de sa vie. Il parait qu'elle est rebelle à la domestication, qu'elle vit en liberté dans les bois et qu'on ne la connaît qu'à l'état sauvage. On cherche et on récolte ses cocons sur les chênes. Ces derniers sont ovales, longs de 45 mill., fermes, tissus d'une soie grise et terne, un peu grossière, fortement enduits d'une gomme très dure qui ne se dissout pas dans l'eau chaude, mais dans un bain bouillant de potasse, ce qui altère un peu la soie lorsqu'on la dévide. L'insecte passe l'hiver à l'état de chrysalide dans son cocon, ce qui est beaucoup moins commode pour le transport à l'étranger que s'il hivernait à l'état d'œuf. Dans son pays natal on en tire une soie brune avec laquelle on fabrique des étoffes.

Le papillon appartient au même genre que les précédents. Son nom entomologique est *Saturnia Pernyi* et son nom vulgaire *Bombyx de Perny*.

27. — *Saturnia Pernyi*, Guér. — *Mâle*. Longueur, 26 mill.; envergure, 130 mill. Il est de couleur isabelle un peu rougeâtre. Les antennes sont fortement pectinées et brunâtres. La tête est de la couleur générale. La partie antérieure du corselet est

d'un brun-grisâtre ; le reste est de la couleur générale. L'abdomen est ovoïde, de cette même nuance, c'est-à dire, isabelle légèrement rougeâtre. Les ailes supérieures sont falquées de couleur isabelle légèrement rougeâtre ; la côte est bordée de brun-grisâtre jusqu'aux 3/4 de sa longueur; on y voit un grand œil rond situé un peu au-delà du milieu, ayant la prunelle vitrée, l'iris à peu près de la nuance du fond, entourée d'une ligne rougeâtre, bordée de blanc à l'intérieur; du côté de la base de l'aile, est une raie vineuse bordée d'une raie blanche le long du bord extérieur et parallèlement à ce bord. Les ailes inférieures ressemblent, pour la couleur, les yeux et la bande du bord, aux supérieures, mais l'œil est très rapproché de cette bande et la touche presque.

La femelle est un peu plus grande que le mâle, et sa couleur un peu plus pâle; ses antennes sont courtement pectinées ; son abdomen est cylindrique, arrondi au bout et ses ailes, moins falquées, plus obtuses au sommet.

Les trois *Bombyx mylitta, Yama-maï et Pernyi,* varient un peu pour la couleur et la grandeur; on trouve des individus dans chaque espèce où la nuance est entièrement la même. Quoiqu'ils se ressemblent beaucoup il est vraisemblable qu'ils forment trois espèces distinctes ; parce que le *Mylitta* ne vit pas sur le chêne et que sa chenille se nourrit des feuilles de végétaux tout à fait différents de cet arbre; parce que l'œil des ailes inférieures du *Pernyi* touche presque la bande du bord terminal de ces ailes, ce qui n'a pas lieu chez les deux autres; parce que l'œil des ailes inférieures du *Yama-maï* est contigü à une grande tache noire qu'on ne voit pas sur les deux autres. S'il arrivait cependant que le *Yama-maï* et le *Pernyi* pûssent s'accoupler et donnâssent des produits perpétuellement féconds, on devrait les regarder comme ne formant qu'une seule espèce.

—

28. — Le Bombyx du Bauhinia.

(SATURNIA BAUHINIÆ, Bdv.).

M. Lucas a donné, dans les Annales de la Société entomologique de France, une notice sur la *Saturnia Bauhiniæ* de laquelle j'extrais les détails suivants (1). Ce grand Bombyx habite le Sénégal et sa chenille vit sur les arbustes appelés *Bauhinia,* à ce que l'on croit. Il est éclos à Paris pendant le mois de juillet, de cocons venus de Saint-Louis, du Sénégal. Les papillons n'ont pas voulu s'accoupler en captivité et les œufs pondus par les femelles sont demeurés inféconds et n'ont pas produit de chenilles. Ces œufs sont ovalaires, blancs, lisses et longs de 1 mill. 1/2. Ils sont fixés au lieu où ils ont été pondus par un liquide gluant qui les couvre entièrement. Les chenilles ne sont pas décrites par M. Lucas.

Le cocon qu'elle file a 48 mill. de longueur et a la forme d'un ovale allongé dont l'extrémité antérieure est sensiblement acuminée avec l'ouverture préalable très peu apparente et garnie de soie plus ou moins entre-croisée ; cette extrémité se prolonge en une sorte de pédoncule, déprimé, flexible, plus ou moins long qui vient s'attacher aux pétioles des feuilles du *Bauhinia* en entourant une ou deux fois les rameaux de cette plante auxquels il est suspendu comme un fruit. Il est d'un blanc-grisâtre, revêtu extérieurement d'une soie serrée et gommeuse qui le rend dur, résistant au toucher et le fait paraître brillant. Quand on ouvre cette enveloppe, qui est très solide, on aperçoit le cocon proprement dit formé d'une soie plus lâche, d'une couleur tirant sur le roussâtre; il est peu épais, pauvre en matière soyeuse et revêtu en dedans d'une sorte de vernis roussâtre.

Le papillon sort de son cocon par l'ouverture située à l'extrémité qui touche le pédoncule.

(1) *Ann. Soc. Ent.* 1862, p. 727.

M. Lucas renvoie pour la description de la femelle à l'Iconographie du règne animal de Cuvier, p. 506, et donne une description comparative du mâle.

28. — *Saturnia Bauhiniæ*, B.d.V. — *Mâle*. Envergure, 9 cent. Il est plus petit que la femelle dont l'envergure est moyennement de 10 cent. Les premières ailes sont plus falquées et d'un rougeâtre-vineux plus foncé; la bande transverse blanche située au-delà du milieu et qui vient se réunir à un grand espace blanc occupant plus que toute la partie inférieure de l'aile, est bien plus étroite que chez la femelle; la tache ovalaire en partie jaune, en partie transparente située au milieu et dans l'angle formé par le blanc, est plus petite et ordinairement plus étroite; l'œil noir, bordé d'atomes blancs et bleus en dedans, et qui se voit à l'extrémité de l'aile est aussi bien moins grand; il en est de même du zig-zag qui est en-dessus, et qui dans le mâle est plus petit et plus faiblement accusé. Les secondes ailes ont la même forme que celles de la femelle, mais sont plus petites; la couleur vineuse paraît plus foncée ainsi que les atômes blancs; quant à la bordure orangée, dentelée, dans laquelle il y a une rangée de taches noirâtres et une ligne noire plus extérieure, tous ces dessins sont plus petits et moins nettement accusés que chez la femelle. La tache transparente au-delà du milieu et qui est bordée de bleu, de jaune et de noir, est plus fortement ovalaire que dans la femelle. Le dessous des quatre ailes est semblable au dessus; cependant les atômes blancs répandus dans la couleur vineuse sont plus nombreux, plus grands, plus fortement accusés qu'en dessus. Les antennes sont plus fortement plumeuses; l'abdomen est plus court et sensiblement plus petit.

Ce Bombyx, dont le cocon est peu riche en soie, ne paraît pas devoir rendre, au moins pour le moment, un grand service à l'industrie séricicole.

M. Lucas ajoute, d'après des renseignements qu'il a recueillis, qu'il paraît que la chenille mange les feuilles d'un *Ziziphus*, (*Z.*

Orthacantha) et non celles du *Bauhinia,* et que lorsqu'elle doit filer son cocon, elle abandonne la plante qui l'a nourrie pour monter sur les rameaux du *Bauhinia,* ce qui toutefois, mérite confirmation.

—

29 et 30. — **Les Bombyx Radama et Diego.**

(BOMBYX RADAMA, — DIEGO, Coq.) (1).

L'Ile de Madagascar nourrit plusieurs Lépidoptères dont les chenilles produisent de la soie employée dans le pays à confectionner des étoffes à l'usage des habitants.

On connait depuis longtemps ces grandes poches de soie qui garnissent souvent toutes les branches principales de plusienrs arbres de ce pays appartenant pour la plupart à la famille des Légumineuse *(Sutria madagascariensis, Mimosa Lebbeck,* etc.), mais on n'a pas décrit les insectes qui forment ces cocons avec lesquels les Malgaches tissent des étoffes remarquables par leur éclat et leur solidité.

Les plus communes sont faites avec la soie des cocons du *Bombgx Radama.* Les chenilles de cette espèce vivent en société à la manière de nos *processionnaires,* et après avoir filé en commun une énorme poche qui a souvent plusieurs pieds de longueur, elles forment dans l'intérieur un cocon particulier à chacune d'elles et y accomplissent leur dernière métamorphose.

Un autre espèce, le *Bombyx Diego* provient de Diégo-Suarez sur la côte N.-O. de Madagascar. Les mœurs de la chenille sont les mêmes que celles du *Bombyx Radama,* mais la soie qu'elles filent est plus fine et plus blanche que celle produite par ce dernier.

La chenille du *Radama* est d'un gris-jaunâtre, avec la tête d'un brun-fauve. Une ligne dorsale d'un brun-jaunâtre, règne sur

(1) Coquerel, *Ann. Soc. enton.*, 1855.

teute la face supérieure du corps. Le premier segment porte à sa face supérieure et de chaque côté une éminence quadrilatère transversale, glabre, en dehors de laquelle se trouvent deux ou trois tubercules noirs pilifères. Les segments suivants présentent de chaque côté de la ligne médiane une série de gros tubercules noirs, garnis de poils longs et raides, qui vont en grossissant jusqu'au dernier anneau. En dehors de cette ligne principale, il existe sur chaque segment deux ou trois tubercules de la même couleur que les précédents, mais beaucoup plus petits, garnis, comme les premiers, de poils brunâtres dont ceux des plus extrêmes sont les plus longs. Les pattes sont au nombre de quatorze dont deux anales. Cette chenille est très commune.

29. — *Bombyx Radama,* B. D. — *Mâle*, Longueur, 18-20 mill.; envergure, 56-60 mill. — *Femelle.* Longueur, 26-28 mill.; envergure, 72-75 mill. Le corps est d'un jaune-fauve et velu. Les antennes sont noires. Les ailes sont blanches, plus ou moins teintées de jaune à la base; les supérieures sont noires à l'extrémité; le noir est ordinairement bien limité; quelquefois il est moins nettement circonscrit et au lieu d'occuper au moins le premier tiers supérieur de l'aile, l'extrémité seule présente une coloration noirâtre qui se continue sur les principales nervures et souvent sur les nervures des ailes inférieures. Le mâle a les antennes pectinées; celles de la femelle le sont à peine. Les derniers segments abdominaux de celle-ci sont élargis et couvert de poils roux-dorés. Les tarses sont noirs. Les ailes sont posées en toit dans le repos. Le vol du papillon est lourd.

La chenille du *Bombyx Diego* n'est pas connue; mais on conjecture qu'elle a beaucoup d'analogie avec la précédente.

30. — *Bombyx Diego,* Coq. Cette espèce ressemble à celle que l'on vient de décrire, mais elle est un peu plus petite. La coloration, au lieu d'être blanc-argenté comme dans le *B. Radama,* est d'un jaune plus ou moins pâle. Le corps est d'un fauve jaunâtre assez velu; les antennes sont noires. Les ailes supérieures sont jaunes

depuis la base jusque un peu au-delà de leur milieu où on voit une bande oblique blanchâtre qui sépare le jaune du noir de l'extrémité. Les ailes inférieures sont d'un jaune pâle. Les pattes sont semblables dans les deux espèces.

Les poches des *B. Radama* et *Diego* sont attaquées par un parasite qui détruit un grand nombre des ces insectes. C'est la chenille d'un Lépidoptère du genre *Chilo*, de la famille des Pyralides. Elle se développe aux dépens du tissu graisseux de la chrysalide de Bombyx. Elle ne commence à se montrer que quand le cocon est formé. Elle dévore entièrement la chrysalide, sauf la peau, puis elle se file un cocon composé de quelques brins très-blancs dans l'intérieur de celui de la chrysalide. Cette chenille est très-lisse, dépourvue de poils ; sa couleur est jaune-pâle, avec la tête brune et deux taches de la même couleur sur le premier segment; elle est pourvue de quatorze pattes.

Chilo carnifex, Coq. — Les ailes supérieures sont d'un gris bistre-argenté plus ou moins foncé, traversées par deux bandes d'un gris-argenté, sinueuses, verticales, un peu obliques, dirigées vers le bord supérieur, l'interne en dedans, l'externe en dehors; l'espace intermédiaire étant plus obscur que le reste de l'aile, surtout le long de leur bord, et présente, un peu avant le bord supérieur, une tache noire bordée de gris-argenté. Le bord externe est garni d'une ligne de points noirs, en dehors de laquelle se montre la frange de l'aile qui est d'un blanc-argenté-grisâtre. La même coloration occupe les ailes inférieures dont le bord externe et les nervures, surtout à leur terminaison, offrent une teinte d'un gris-jaunâtre. Le thorax a la même coloration que le fond des ailes supérieures. L'abdomen participe de celle des inférieures, mais la couleur est plus foncée dans le premier.

La femelle est un peu plus grande que le mâle; elle n'en diffère que par ses antennes filiformes et son abdomen plus volumineux.

—

31 et 32. — **Les Bombyx de Madagascar et de Fleuriot.**

(BOROCERA MADAGASCARIENSIS, B.d.V. — FLEURIOTI, Guér.)

Outre les deux Bombyx dont on vient de parler, l'île de Madagascar possède encore d'autres vers-à-soie, dont les cocons fournissent la soie employée à la confection des belles écharpes appelée *lambas*, qui sont l'objet du plus grand luxe dans ce pays.

L'un de ces vers-à-soie est la chenille d'un Bombyx du genre *Borocera*, celle du *Borocera madagascariensis*. Elle vit sur l'Ambrevade (*Cytisus cajan*, Lin.), arbuste des plus communs à Madagascar et à Bourbon. Elle file son cocon sur l'arbuste et l'attache à une feuille. Lorsqu'elle est parvenue à toute sa taille, elle a environ 45 mill. de longueur. Elle est un peu fusiforme, de couleur brune légèrement rougeâtre, et porte sur le dos une bande longitudinale de taches noirâtres, formée d'une tache sur chaque segment. On voit de chaque côté des segments thoraciques quatre faisceaux de longs poils fauves et bleus et un cinquième faisceau de poils semblables dirigé en avant et partant du point qui sépare la hanche antérieure de la moyenne. Il y a en outre un court faisceau de poils bruns sur le onzième segment, lequel est dirigé du côté de la tête et deux longs poils sur le dos de chacun des autres. Les pattes sont de la couleur du corps et au nombre de seize.

Le cocon est ovale, jaunâtre, long de 44 mill. environ, sur 20 mill. de diamètre. Il est enveloppé d'une bourre peu épaisse et tissu d'une soie fine peu abondante. L'époque où paraît la chenille, celle où elle file son cocon, et celle de l'éclosion du papillon, ne sont pas indiquées dans l'ouvrage d'où je tire l'histoire de cet insecte (1).

31. — *Borocera Madagascariensis*, B.d.V. — *Mâle*. Longueur, 21 mill.; envergure, 56 mill. Il est d'un rouge brique foncé.

(1) Coquerel, *Ann. Soc. ent.*, 1866.

Les antennes sont courtes, pectinées. La tête, le corselet et l'abdomen sont d'un rouge-brique. Les ailes supérieures sont étroites, d'un rouge-brun de la base jusqu'au milieu. On voit une raie courbe et noire près de la base, et une seconde raie transversale noire, comme la première, située au-delà du milieu. Entre ces deux raies se trouve un point noir près de la côte. Le bord postérieur est d'un rouge de brique qui s'éclaircit en une teinte d'un rouge pâle le long de la deuxième ligne transversale. Les ailes inférieures sont d'un rouge-brique uni.

Femelle. — Longueur, 33 mill.; envergure, 70 mill. Elle est d'un blanc-grisâtre. Les antennes sont très courtement pectinées. La tête, le corselet et l'abdomen sont d'un blanc-grisâtre. Ce dernier est terminé en pointe un peu plus obtuse que chez le mâle. Les ailes supérieures sont d'un blanc-grisâtre, traversées par deux raies noires, l'une près de la base, la seconde un peu ondulée au-delà du milieu, entre lesquelles on voit un point noir. Entre la deuxième raie et le bord postérieur, la teinte du fond devient plus blanche et on voit parallèlement au bord une bande un peu plus obscure formée de sept taches isolées plus longues que larges. Les inférieures sont d'un blanc-grisâtre, avec une nuance plus obscure le long des nervures (1).

Les cocons de ce Bombyx sont isolés et peu riches en soie, comme on l'a dit plus haut. Toutefois les Ovas de la province d'Emirne élèvent les chenilles sur l'Ambrevade avec beaucoup de soin. Ils récoltent les cocons dont la soie est cardée et filée à la

(1) Je n'ai pas vu cet insecte en nature; la description est faite sur les figures enluminées jointes au mémoire de M. Coquerel. M. Blanchard, dans l'*Hist. nat. des Ins.*, donne de ce papillon la description suivante : *Borocera madagascariensis.* B.d.V. — Envergure ♂ 20 lignes, ♀ deux pouces. Ailes entièrement d'un brun canelle dans le mâle; d'un jaune fauve dans la femelle, avec deux lignes transversales brunes sur les antérieures, l'une à la base, l'autre oblique au-delà du milieu, avec une tache réniforme de la même couleur entr'elles.

main. C'est cette soie qui est employée à la confection des *lombas* les plus riches.

Dans le mémoire inséré dans les *Ann. de la Soc. entomologique* pour 1866, M. Coquerel parle très-succinctement d'une autre espèce de Ver-à-soie appelé Bombyx (*Artaxa*) Fleurioti, dont la chenille vit sur divers végétaux, particulièrement sur l'Ambrevade (Cytisus Cajan). Cette chenille est couverte de poils qui causent une vive irritation, analogue à celle que donnent les chenilles processionnaires du Chêne et du Pin. Elle est brune, à anneaux rougeâtres.

L'insecte parfait est décrit par une simple phrase diagnostique.

Bombyx (*Artaxa*) *Fleurioti*, Guer. ♂. — Longueur, 20 mill.; envergure, 45 mill. Entièrement blanc; ailes antérieures marquées de deux points rouges et d'une raie brune transverse au milieu. Ailes inférieures moins colorées.

♀. Longueur, 28 mill.; envergure, 60 mill. Corps d'un châtain-rougeâtre; ailes blanches, les antérieures ayant la base et une bande brunes.

Pour obtenir la soie de ce Bombyx, les Malgaches écrasent les cocons et les enterrent pour les faire fermenter. Ils les font ensuite bouillir dans la lessive, les lavent, les remettent à la lessive et finissent par les carder et par filer la bourre à la quenouille. Ce sont ces fils, et probablement ceux de plusieurs autres espèces également sauvages, qui constituent la base de ces longues écharpes connues à Madagascar sous le nom de *Lambas*, lesquelles sont un objet du plus grand luxe.

M. le Dr Coquerel est porté à croire que le *Bombyx Fleurioti* ne diffère pas du *Bombyx Madagascariensis*, parce que les chenilles vivent l'une et l'autre sur l'Ambrevade; qu'elles sont également recouvertes de bouquets de poils caducs qui causent une irritation violente; leurs cocons ont la même forme, et les procédés décrits pour la préparation de la soie sont identiques.

On doit faire remarquer que les détails donnés sur le *Bombyx*

Fleurioti sont très-incomplets, laissant trop à désirer pour que l'on puisse conclure avec assurance qu'il ne diffère pas du *Bombyx Madagascariensis*, dont l'histoire elle-même n'est pas exempte de lacunes.

On vient de faire connaître les Bombyx séricigènes exotiques que l'on a essayé d'introduire en France, dans l'espérance de les y acclimater, de les élever et de tirer parti de la soie qu'ils produisent, dans l'intérêt de nos manufactures et de notre industrie. Tous, excepté le ver-à-soie de l'Ailante (*Saturnia Cynthia*) et le Ver-à-soie du Chêne (*Saturnia Yama-maï*), n'ont pas réussi et il a fallu y renoncer. Quant aux espèces que l'on vient de nommer, elles se sont accommodées de notre climat, se sont bien élevées, ont produit de bonne soie et ont propagé leur espèce, ce qui semble prouver qu'elles sont acclimatées et acquises à notre pays, et comme nos forêts sont peuplées de chênes, que l'Ailante vient facilement dans toutes sortes de terrains, rien ne semble s'opposer à leur acquisition définitive. Il ne faut pas cependant se trop hâter de publier un succès si important, car ces deux vers-à-soie ne sont chez nous que depuis peu d'années, et rien ne nous assure qu'ils ne dégénèreront pas et qu'ils continueront à se propager régulièrement. Lorsqu'on sera assuré que le *Yama-maï* se perpétue à l'état sauvage dans nos forêts et que le *Cynthia* se multiplie naturellement dans les plantations d'Ailante, on pourra se flatter de l'acclimatation de ces deux espèces et compter qu'on ne s'occcupera pas en vain de leur éducation Il est bien à désirer qu'il en soit ainsi, car la culture de ces vers-à-soie serait très-avantageuse aux habitants de nos campagnes, dont elle augmenterait le bien-être sans accroître sensiblement les travaux; ils seraient soignés par les femmes et les enfants. Ils pourraient dévider eux-mêmes les cocons du chêne qui sont entièrement fermés et qui se dégomment dans l'eau bouillante et vendre les écheveaux de soie grège. Les cocons de l'Ailante étant ouverts à un bout ne peuvent se dévider dans l'eau, et il faut un procédé particulier pour en tirer les écheveaux de soie grège; ils devraient vendre leurs cocons à un dévideur, ce qui serait assez embarrassant jusqu'au moment où le grand nombre de ces cocons permettrait l'établissement d'une usine de dévidage.

A l'égard de tous ces vers-à-soie, y compris ceux de l'Ailante et du Chêne, on peut faire cette observation, savoir : que si la soie qu'ils produisent est véritablement bonne et doit remplir une lacune dans les matières premières de notre industrie, nos vaisseaux peuvent aller la chercher sur les lieux de production et nous l'apporter comme ils nous apportent le coton qu'on ne cherche pas à cultiver en France, et nos manufactures en tireront bientôt le meilleur parti possible.

Les tentatives faites depuis quelque temps dans le but d'introduire en France et dans l'Europe de nouveaux vers-à-soie montrent les efforts que fait l'entomologie pour enrichir ces pays de nouvelles matières soyeuses propres à la fabrication des étoffes en usage dans les contrées de l'extrême Orient et dans l'île de Madagascar ; elle montre ainsi qu'elle n'est pas une science de simple amusement et de curiosité, mais une science utile et sérieuse, qui mérite l'approbation des hommes amis du progrès social.

TABLE

DES INSECTES DÉCRITS ET MENTIONNÉS DANS CE TRAVAIL.

FIN DE LA TABLE.

AUXERRE. — IMP. DE G. PERRIQUET, RUE DE PARIS, 31.

www.ingramcontent.com/pod-product-compliance
Ingram Content Group UK Ltd.
Pitfield, Milton Keynes, MK11 3LW, UK
UKHW020230220726
13923UKWH00002B/587

9 782019 674922